覚醒シン・JA

―農協中央会制度65年の教訓―

宍道太郎

新総合 JA ビジョンの確立（シン・JA）

教訓1

自主・自立の農協運動

教訓2

新たな農協経営理念の構築

教訓3

協同組合（農協）経営論の確立

教訓4

国民に開かれた農協運動の展開

まえがき

二〇一五年の農協法改正により、中央会制度は廃止された。

中央会制度の廃止は、間違いなく戦後七〇年における農協運動史上最大の出来事であり、農協運動の総決算を伴うものだった。にもかかわらず、この問題について、いまに至るも組織的な総括が行われていない。そして現実には、何事もなかったように農協の活動は行われている。

中央会制度がなぜ短期間のうちに、しかも完全な形で廃止になったのか。筆者が生涯を通じてお世話になった中央会という職場の根拠法が一瞬のうちになくなってしまったことについては、不思議な感じすら覚える。

これだけの荒業は、一般論ではなく政府・官邸による自民党全体を動かすよほどの大きな政治力が働いたものと推測できる。中央会制度が廃止になった理由については様々に考えられるが、一言でいえば、農協が農業・農協に関する既得権益（しかもその多くは、政府によって与えられたもの）の正当性を疑いもなく信じ、その既得権益の維持を与党・自民党の政治力に求めようとしたからだと断ずることができるのではないか。

農協は、TPP交渉などでも表立った反対運動を控え、従順ともいえる態度で自民党に従ってきた。にもかかわらず、農協法改正によって中央会制度は廃止されてしまった。中央会制度の廃止を新自由主義的な政権運営を行った「アベノミクス」のせいにすることは容易だが、今更ながら、農協は根本的に自主・自立というには程遠い組織であったと考えさせられるのである。

そしてここからが肝心な点であるが、農協は中央会制度の廃止から「何を教訓として学ぶか」ということである。結論から言えば、それは、われわれに、自主・自立の農協運動の確立は当然のこととして、新たな農協の経営理念の構築～「新総合JAビジョンの確立」～を求めているのではないかということである。

なぜ中央会制度がなくなったのかは、大きな問題で一個人がなせる業ではなく別途組織的な総括が必要である。実際、戦後の農協運動を牽引した中央会制度とは一体どのような存在だったのか、その崩壊からわれわれは何を学ぶべきなのか、筆者はそのすべてに確信があるわけではない。

それでも、今後の農協運営の転換に少しでも参考になることがあれば望外の幸せである。

いま農協がとっている地域組合論（二軸論）については、多くの農協関係者にとっての関心事ではないように見え、また農協関係の学者・研究者の多くは地域組合論に立つ人たちが多いためか、こうした農協の経営理念の転換の重要性についてほとんど議論されてきていない。

もちろん、今後の農協運動についてはさまざまな意見があっていいが、今まで何となく組織内部で正当化されてきた地域組合論について検討を加え、今回の農協改革を契機に、新たな農協の経営理念を考えてみることこそ、戦後の農協運動を牽引してきた中央会制度の廃止から学ぶことではないかと思う。

本書の執筆を思い立った理由は、筆者が旧制度における全中で四〇年の長きにわたって協同組合の仕事に携わらせて頂いたことに対する感謝の意を表すとともに、それが全中に籍を置いた者の責任と考えたからである。

本書を廃止された中央会制度に捧げるとともに、今後農協が、協同組合として自主・自立の運動を続けていくことを切に願う次第である。全体を通じて全中批判が多いと感じられる読者の皆さんが多いとも思われるが、もちろんそれはそのことを意図するものではなく、逆に今後の全中への期待としてご理解を頂きたい。

本書での、全中や学識者等の皆さんへの、一見すると批判的とも思える記述内容は、もとより全中や学識者の皆さんが思い描く、農業及び協同組合の発展の思いを共有するものであることとしてお許しを頂きたい。

以下に述べる内容について、読者の皆様は「何を今さら」と思われるかもしれないが、それは今回が初めてではなく、農協改革以降、拙著の『総合ＪＡの針路～新ビジョンの確立と開かれた運動展開』全国共同出版社（二〇一五年）や各種のコラム執筆などを通じて、これまでに度々述べてきていることである。

本書を上梓するにあたっては、多くの農協関係者の皆様に助言を頂いた。とくに、本書は過去一五年間に及ぶ「新世紀ＪＡ研究会」での活動成果に学ぶことが多く、関係者の皆様には厚くお礼を申し上げたい。もとより本書の見解は著者独自のものであり、研究会の見解ではないことをお断りしておく。研究会でも「新総合ＪＡビジョンの確立」を謳っているが、本書との直接の関係はない。

著者名をペンネームとしたのは、できるだけ組織のしがらみから距離を置き、筆者独自の立場・境地から事象を考えようとしたからであり、他意はない。

令和三年一二月　宍道太郎

目次

第四章 これからの展開〈どこへ行く農協運動〉

序章

シン・ＪＡ

～新総合ＪＡビジョンの確立～

1 問題の所在

本書では、①協同組合・農協と政治の問題、②協同組合・農協の理念（考え方・目的）の問題、③協同組合・農協経営論の三つの問題を扱っている。

このうち、①の政治の問題は、読者によって見解の違いはあっても、なじみ深く理解がしやすい。ところが、②と③の組織の理念や経営論については、理解を得るのが厄介だ。本書では、職能組合論、地域組合論、二軸論を述べているが、この問題に関心を示す人は少ない。とくに二軸論は、平素、協同組合に興味を持って研究している人にさえ、わかってもらえることが少なく、筆者自身、「述べていることがそもそも当を得ていないのでは」と、疑念を抱くことがしばしばである。理由は様々に考えられるが、その一つに、農協が認可主義による組織であることがあげられよう。日本の企業は、おおむね準則主義と認可主義によって存在し、運営されている。

準則主義とは、組織の運営の根本が商法、会社法などの法律で決められており、これらの法律に即していれば、事業の内容や運営は基本的に制限を受けない。これに対して認可主義とは、事業の内容や運営が法律によってそれぞれ決められており、実施にあたっては行政庁の認可が必要である。

わが国の場合、会社組織はおおむね準則主義で、協同組合組織は認可主義によっている。このことは、経営学でいうドメイン（事業・活動領域）との関係で見ると両者に決定的な違いを生じさせる。

会社組織はドメイン（事業・活動領域―言い換えれば、企業の縄張り）の設定が自由である半面、その獲得には熾烈な競争が必要になる。

認可主義である農協の場合、事業や運営について、いちいち行政庁の認可が必要である。通常それは法令等で決められており、その内容は電話帳のごとく膨大なものとなる。その半面、認可を受ければ自らドメインを獲得する努力は必要とされない。

職能組合論、地域組合論、二軸論は、実は経営学的に言えば、ドメインに関する議論であり、農協のドメインは行政によって保障されているため、組合員はもとより、多くの農協関係者の関心事にならないのである。

ドメインとは、自らの存在や盛衰を分ける企業にとっての生命線であり、会社組織はドメインの獲得に死に物狂いだ。その半面で、獲得したドメインは油断を怠らない限り環境変化に対してかなり強固なものとなる。

一方、認可主義による農協は、他業態との競争は求められるものの、ドメイン自体が脅威にさらされることは少ない。加えて農協は、日本はおろか世界にも例を見ないほどの「中央会制度」という指導保護装置を持っていたのであり、そのドメインは盤石に見えた。

だが半面で、これは大きなリスクを伴う。それは法制度の改正や運用の変化によって、ドメイン自体が大きく変わることである。多くの場合、認可主義による企業はこの変化に対応することは難しい。今回、農協協改革の最重要課題とされた准組合員問題や中央会制度の廃止などはその典型であり、とくに准組合員の事業利用規制の問題が持ち上がることで、農協グループ内が騒然となったのである。

企業にとって重要なドメインは、実は企業の理念・目的と非常に密接な関係を持つ。世界のトヨタ自動車も、自らの企業目的（ドメイン）を単なる自動車の製造ではなく、持続的な社会貢献の存在であり、豊かな人間の移動空間を創造することとして、自らの存在の正当性の確保に躍起になっている。

農協の場合、理念や目的はその多くが職能組合論や地域組合論として論じられるが、ドメインが法律によって守られているため、曖昧にする人が多く、したがってまた、関心を持つ人は少ないのである。だが、今回の准組合員問題で気づかされたように、農協にとっても自らの経営理念を考えることは組織にとっての死活問題なのであり、正面から向き合わなければならない最重要課題である。

2 二軸論とは

農協改革の焦点は、二〇一五年の二月に政府・与党から農協の全国連首脳に、①中央会制度を廃止するか、②准組合員の事業利用規制を行うかの二者択一を迫られたことにあった。

それに対する農協側の答えは、①の中央会制度の廃止だった。実はこのことこそが、農協改革が提起した内容を凝縮した出来事であった。准組合員の事業利用規制を拒み、中央会制度の廃止を受け入れた事実（fact）にこそ、農協改革を考える上での、すべての出発点があると言っていい。このことについて、中央会制度の廃止を選択したのは、「准組合員の事業利用規制が行われれば、農協の事業に深刻な影響が及ぶから」というのが一般的な理解である。それはそれで、もっともなことである。

だが、そこには、もう一つ、重要なメッセージが込められているように思える。それは、農協陣営自身が、これまで進めてきた准組合員対策に問題があると認識していたのではないかということである。それは、農協は准組合員制度を最大限利用して信用・共済事業を拡大し、ともすれば、本来の営農・経済事業に力を入れてこなかったという問題である。この認識は、政府・与党から二者択一を迫られた段階で、農協自身が初めて気づかされた（潜在意識が表面化した）ことと言ってよく、この事実（fact）こそが、今後の農協運動を進める上での重大なヒントに思える。

このことに対して、農協はこの二者択一の不当性を糾弾し、「二つとも飲めない」「国会を通じてその内容を審議すべきである」と主張すべきであったが、そうはできなかった。それは、なぜであろうか。それは後に述べるように、この時すでに、全中が自民党の政策決定プロセスの中に深く組み込まれていたこと、またこの時初めての自身の認識として、これまでの准組合員対策に問題があったことに気づかされたからと言っていいのではないか。

だが一方で、全中（農協）は、中央会制度の廃止を差し出し、当面の准組合員の事業利用規制を免れた途端に、この二つの問題は頭から離れ、その後、ひたすら自民党依存の政治運動と、准組合員対策のもとになっている二軸論に基づく地域組合路線（自己改革）を続けていくことになる。

あらかじめお断りしておきたいが、本書で筆者は、度々「二軸論」としての地域組合論を批判しているが、二軸論は別として地域組合論そのものを否定しているわけではない。農協は、農業振興だけでなく、地域振興にも大きな役割を果たしている組織であり、そのことを否定するつもりなど毛頭ない。また、およそあらゆる協同組合は地域なくしては存在することはできないとも思っている。

二軸論としての地域組合論を批判しているのは、農協はいま旧来の職能組合論や地域組合論からの脱却が求められているのであり、まして、二軸論としての地域組合論では、これからの農協の発展は望めないと思うからである。

本書で言う二軸論とは、「農協は農業振興を旨とする組織であると同時に、農業振興以外の地域振興という目的を持つ組織である」という地域組合論のことをいう。後にも出てくるように、全中は自己改革のなかで、自らの組織を「農業者の職能組合と地域組合の性格をあわせ持つ組織」と規定しているが、ここで地域組合として使われている「地域」とは、農業振興によって地域の振興をはかるという意味の「地域」ではなく、農協は、農業振興と農業振興以外の地域振興という二つの目的を持つ組織であるという意味での「地域」なのである。もう少し踏み込んでいえば、農協は農業振興と農業振興とは別の目的を持つ組合員によって構成されている組織であり、言うならば、信用組合や共済組合もしくは生協のような組織が混在する組織と考えられているのである。

「二軸論」という言い方をしたのは、おそらく筆者がはじめてと思われるが、それは全中及びその応援団たる学者・研究者が唱えている地域組合論の内容を、できるだけわかりやすく理解頂くための筆者なりの表現として用いている。

この二軸論は、全中が策定した二〇一四年一一月の「ＪＡグループの自己改革」のなかで明らかになったが、いつからこのような立場に立つようになったか、長く全中にお世話になった筆者にも、本当のところはわからない。もちろん、なんとなく農協は地域組合であるという認識は、関係者に強かったのであるが、二軸論が、ＪＡグループの総意に基づく自己改革案のなかで明文化されたのは、おそらく、この時がはじめてではないだろうか。

それは、全中が中央会監査廃止の通告を受けていた、いわば組織存亡の土壇場での出来事だったのである。追い詰められた全中は、ここに至って、農協は必ずしも農業振興を目的とした組織ではなく、また准組合員の存在を正当化するために地域振興を目的とする組織でもあるという農協法の改正を求めることにしたのであろうか。

全中が二軸論に立っていることをどのように考えるのか、つまるところ農協の本来的な経営理念・目的をどのように考えるかは農協組織にとって決定的に重要なことである。なぜなら、農協に限らずあらゆる組織は、自らの経営理念にしたがって行動するのであり、また組織のあらゆる行動は、経営理念の影響を受けるからである。

実は、こうした農協理念についてどのように考えるのか、このことが、今回の農協改革の最大の焦点だったのであり、今もそうであると筆者は考えている。二軸論という表現は本書を通じて度々登場するので、読者の皆様は辟易されると思うが、今後の農協運営にとって、このことが最大の問題なのでご容赦を頂きたい。

3 二軸論の背景と問題点

全中が二軸論に立つことは別にして、農協が自らを地域組合にこだわるのには、それなりの理由がある。その一つは、農協の事業や組合員構成が農業振興を目的とする内容には必ずしもなっていないことである。実際、事業面で信用・共済事業のボリュームが圧倒的に多く、半面で個人経営・家族経営の農業経営体数は九九万一，四〇〇となり、初めて一〇〇万を割っている（農水省調査・二〇二一年二月一日現在）。

もう一つの理由は、ちょっとうがった言い方かもしれないが、農協が農業振興を目的とする組織であると限定すると、農業振興に本気で取り組まざるを得なくなるということである。

農業振興と一口で言っても、営農・経済事業で採算をとることは難しい。したがって、農業振興に取り組めば農協は赤字経営に陥り、経営が立ち行かなくなる。だから農協は、農業振興を専らとする組織と考えたくはない。実はこのことこそが、全中が二軸論をとる最大の理由と言っていいだろう。

それどころか、農協はこの地域組合論（厳密な意味で二軸論でない地域組合論を含めて）に依拠することで、主に信用・共済事業の伸長によって巨大組織に発展してきた。それは組合員の立場からはともかく、農協にとって偉大な組織の成功体験となっている。こうした地域組合論は農協にとってのいわば血肉となっており、農協人はこの呪縛から逃れることはできない。

一方で、こうした地域組合論のもとになっているのは、国から法律によって保障された准組合員制度であり、准組合員制度は農協運動により自らが勝ち取ったものではなく、現実には、農協は員外利用規制を逃れるためにこの制度を活用してきている。だから、これまで農協には本格的な准組合員対策は存在しなかったと言っていい。

この結果、主に信用・共済事業の利用によって准組合員の事業を急速に拡大してきた。このことは農協自身が良く自覚しており、反省すべきこととも考えていた。だから今回、准組合員の事業利用規制が持ち出され、農協陣営が騒然となったのであろう。

二軸論については、農協現場では厳密な意味では捉えられてはおらず、漠然とした地域組合論として関係者には理解されており、農協運動のよりどころとなってきた。

このような漠然とした地域組合論は、これからも人々の農協組織理解に役立つものとして広く唱えられることは必要であると思う。だが、全中が言う二軸論としての地域組合論は、農協は農業振興と地域振興の二つの目的を持つ組織と考え、そのための農協法第一条の農協の目的規定の改正を前提にしている。その改正は実際には不可能と言っていいものであるとともに、それゆえ、当の全中自身が、そのことに本気で取り組んできていないことを考えれば、二軸論に基づく農協の経営理念は、いわば空想的・幻想的な農協経営理念と言っていい。

農協（全中）が自らを、地域組合と自認するのに何ら問題はないが、それをさらに進めて、農協が農業振興と地域振興という二つのことを目的とする組織であると主張し、実現不可能な農協法の改正を前提とした空想的・幻想的な農協経営理念をもとに運動するのは行き過ぎと考えられるのである。否、農協運動の方向を誤らせることにさえなりかねないのである。

もっとも、それを意識するかしないかは別にして、二軸論を進めることで、将来的に農協が他の組織に移行・分割されていくおそれがあるとしても、それはそれでやむを得ないことであるとも思う。だが、農業振興にとってその活用次第で大きな役割を果たせる可能性があるせっかくの農協組織が衰退していくことは、避けられるべきと考える。

また事実問題として、こうした二軸論に基づく自己改革案（二〇一四年一一月）は、その後の政府・自民党との交渉（二〇一五年二月）において農協組織自身がその問題点に気づかされるとともに、その後の農協法改正の中で、国会審議を通じて完全否定されることになる。

だが、こうした二軸論に基づく地域組合路線は、その後の第二七回・第二八回・第二九回のＪＡ全国大会において、農協の「自己改革」のもとに正当化され、継続されていくことになる。こうした事情を、農協関係者はよく理解しておくことが重要である。どのような議論があってもいいが、議論の土台に共通の事実認識がないと組織は危険に晒される。

4 二軸論の弊害

二軸論に基づく農協の経営理念は、協同組合の一般論として、その理想像を追及することに意義があると言えなくもないが、実際にはこれからの農協運営に対して弊害をもたらすことになる。

二軸論の弊害については、とりあえず次のことを指摘しておきたい。

一つは、この主張により、農協関係者が自らの農協の使命を必ずしも農業振興ではないと信じ込むようになり、このことで、「農業振興に本気で取り組まないでもいい」という安堵感を与えることになることである。言い換えれば、信用・共済事業依存経営からの脱却を難しくするということである。

農協の事業環境はゼロ金利政策の長期化で、従来のような信用・共済事業の収益で営農・経済事業の赤字を補填するような事態ではなくなっている。地銀に象徴される金融事業単営の銀行は、農業分野への進出や、ネット関連会社等との業務提携を進めている時代である。これからの農協運営に求められていることとは、これまで農協経営のお荷物的存在と考えていた営農・経済事業への本格的な取り組みによって、農協しか持ちえない農業と総合事業のアドバンテージを生かすことであろう。

もう一つの弊害は、農協が農業振興の目的を持つ組合員（その多くは、正組合員）と、それ以外の生協や信用組合などと同じような利用目的を持つ組合員（その多くは、准組合員）に分断されていくということである。

二軸論は、協同組合の土台のもとでの共通する協同意識の高揚という点では組合員に有効に働くが、一方で目的が違うことによって組合員間に分断をもたらすことになる。二軸論をもとに准組合員対策を進めることは現在の農協法の下では不可能である。後に述べるように、二軸論を本気で進めれば、農協は農協でなくなってしまうか、もしくは組織分裂を起こしてしまう。そこで二軸論に立つ者は、農協は農業振興と地域振興という二つの目的を持つ組織であるという農協法の改正を求めているのである。だが、それはほぼ不可能である。

そして何よりも問題なのは、二軸論によって、国民にとって農協はどのような組織であるか、わかりにくい存在と映るからである。内部関係者にとって都合がよく、それゆえ独善的であり、外から見てわかりにくい組織は、長い目で見て国民には支持されないと考えるべきであろう。

いま、ＪＡ京都グループや他の農協でも、准組合員対策として正准組合員に差をつけるべきではない、もしくは正准組合員は同じ組合員だということが言われはじめている。

それは、全中が二軸論をとっているから、もしくは二軸論の指導によってそうなっているのかもしれない。農協には、農業振興と地域振興という目的を異にする正組合員と准組合員がいるという前提に立てば、准組合員存在の正当性を説明するには、ことさらに正組合員と准組合員は同じ組合員だと主張しなければならない。そして本当に同じだと言うには、現行農協法では正組合員と准組合員には異なる資格規定があり、法改正が必要になる。二軸論は、現行農協法の改正が必要なのが特徴なのである。ＪＡ京都グループの対策も、いずれ法改正が前提とされているのだろう。

これなどは典型的な二軸論の弊害といってよく、二軸論では現場に混乱を招く。まず何より、正組合員と准組合員の資格を同一にする、もしくはなくす法改正は不可能である。したがって、農協がいくら正准に差をつけないと言っても法律上無理である。法律上無理なことは、運動として広がらないばかりか、世間に誤解さえ招く。

「農協は農業協同組合とは違うのか」という誤解である。日本農業新聞の報道を見ても、ＪＡ京都グループの取り組みに対して、「正准組合員は同じ組合員」という言葉は踊るが、迫力に欠ける。また、全中がこのＪＡ京都グループの取り組みを優良事例として推進する気はなさそうである。

この混乱をおさめ、准組合員対策を前進させる方法はあるのか。もちろん、解決策は目の前にある。それは農協の目的を農業振興と明確にして、正組合員と准組合員がその共通目的に向かって一体となって取り組むことを明確にすることだ。

農協には農業振興と農業振興以外の目的があるとする二軸論からは、こうした答えは出てこない。

「正准組合員は、同じ組合員」とは、正確には、「生産者と地域住民・消費者という立場は違えど、正組合員と准組合員は、農業振興という共通の目的を持つ組合員」という意味に解釈すべきなのだ。このように理解すれば、准組合員対策はすべてがうまくいく。

准組合員制度を最大限利用した農協は組織としては大きく発展してきた。だがそれゆえに、ともすれば独善的な組織、もしくはあいまいな組織となり、世間からはわかりにくい組織と映るようになっていることに、農協は注意深くならなければならない。これまで通りの准組合員対策を進めれば、またぞろ准組合員問題が表面化することが想定され、農協はこれ以上准組合員を増やすこと、あるいはそれに依拠した運営はできなくなる。

5 准組合員の事業利用規制の棚上げ

農協改革で残されていた最大の問題であった准組合員の事業利用規制について、一律的な対策は実施されないことが明らかとなって、農協内には一種の安堵感が漂っている。

とくに全中は、この問題にはこれ以上深入りしないのが得策というのが方針のようであり、現に第二九回ＪＡ全国大会議案でも本格的な准組合員対策については触れられていない。まさに、「のど元過ぎれば熱さを忘れる」の典型であり、こうした対応には、失望の念を抱かざるを得ない。

事業利用規制の実施の棚上げについては、全中が自民党の二階俊博幹事長（当時）から「組合員の判断」という言質を取り付け、また農協組織があげて自己改革に取り組み、その成果が上がったとみるのが一般的のようであり、それはそれでよかったと思う。

だがそれは、政府・与党の准組合員問題についての「これ以上騒ぐな」という路線の延長であることに憂慮しなければならない。そこには、政治情勢ばかりが優先され、ピンチをチャンスに変える農協独自の変革の魂を見ることができない。

このことについて、元をただして考えてみれば、「中央会制度の廃止」か「准組合員の事業利用規制」かの二者択一の選択を迫られた際、全中は自らの中央会制度の廃止を受け入れており、すでに十分過ぎるほどの代償を支払い済みであった。

そのうえ、追い打ちをかけるように五年間の経過措置を設け、自己改革の進捗状況を踏まえて規制をかけようとしたこと自体にやり過ぎ感があり、その後、これ以上農協を追い詰めるのは得策ではないという雰囲気が政府・与党内に広がった結果によるものと思えるのである。

要するに、農協法改正後にこの問題が提起されてからの五年間は、規制改革会議の提案と政府・与党の議論に農協組織が翻弄され続けた期間であったと言っていいのであろう。

失望の念は、全中が自らの中央会制度の廃止の教訓から何も学んでいないことによる。全中は農協改革において、自らの組織存在そのものを否定されたのだから、その理由を分析し、従来の二軸論を排して新たな農協運動の方向を示すべきであった。

全中は中央会制度廃止の代償として、これまでの六年間（第二七回、第二八回ＪＡ全国大会）でこうした方向について議論すべきであったし、第二九回ＪＡ全国大会は、一般社団法人になった全中を頂点とする新たな農協運動出発の元年にすべきであったと思われる。

全中は、「自己改革に終わりはない」といつまで言い続けるのであろうか。政治情勢は日々刻々変化しており、政治力に頼る農協運動は常に危うさを持つ。頼るべきは、自らの改革の力である。

求められているのは、「農協系統組織自らが、胸を張って自分たちの存在意義を内外に示すことができ、またみんなが得心できる真の自己改革」（二〇二一年一〇月六日付け日本農業新聞～「三年に一度のＪＡ全国大会：元農水省官房長　荒川隆氏」）なのである。

実際、准組合員問題についてこれですべてが終わったわけではなく、その基本問題については、何ひとつ解決されてはいない。その意味でこの問題はまさに、一時的な「棚上げ」と言っていい。

一方で、政府・自民党とくに政府は、今回の農協改革を通じて、中央会制度廃止やむなしとするほど准組合員問題が農協のアキレス腱であることを深く学習した。

今後再び准組合員規制問題が持ち上がった時、農協はどのように対応すればいいのか。今回、農協が、准組合員の事業利用規制の提案にほとんど何の反論も用意できないまま中央会制度の廃止を差し出したことを思い起こせば、おそらく打つ手なしの状況に陥るだろう。それに、中央会制度廃止以上の取引材料はもはや農協に残されてはいない。

諸般の事情から、今回の一律的な准組合員事業利用規制の棚上げは、これを契機に、次に問題が持ち上がるまでの猶予期間が始まったことを意味すると考えておいた方が良い。

一方で、今までの准組合対策のバックボーンになっており、かつこれからの農協運動にとって重要な問題である二軸論は、現場の農協関係者の中では、前述の通り関心事にすらなっていない。

この点、農協運動の司令塔たる全中は当然として、オピニオンリーダーたる学者・研究者の責任・役割は大きいというべきであろう。

6 新たな農協経営理念の構築

ともあれ、中央会制度の廃止によって明らかになったことは、これまで取り組んできた准組合員対策のもとになっている地域組合論（二軸論）に、根源的な問題があったのではないか。二軸論は、一言でいえば、農協の組織内にとっては都合の良いものであったが、外に向かっては極めて説得力の乏しいものであったと結論付けられるだろう。

実際、農協はこれまで、本格的な准組合員対策に取り組んできたわけではなく、与えられた准組合員制度を員外利用制限から逃れるために活用してきた。この結果、ともすれば農協は、本来事業である営農・経済事業の取り組みをおろそかにし、信用・共済事業を肥大化させてきたことは誰しもが認めるところである。

したがって、同時にそのことは、われわれに、今更ながらの農業振興という、農協本来の経営理念の構築を促しているのではないのか。それが、中央会制度廃止に伴う問題の捉え方に関する、筆者の基本的な見解である。

それは、本書で述べる「新総合JAビジョンの確立」にとっての中核的なテーマでもある。

一九八一年から二〇〇一年にかけて、ゼネラル・エレクトリック社（GE）の最高経営責任者を務め、GEを世界最高の時価総額企業に成長させたジャック・ウェルチ（一九三五～二〇二〇年）は、企業理念として、本業に集中せよと「選択と集中」という言葉を残した。

当初、筆者はこの言葉に懐疑的であったし、その本来の意味がわからなかった。農協が農業振興という本業に集中すればたちまち経営が行き詰まる。だから「選択と集中」は、農協にはなじまないと考えたのである。だがこの言葉の意味を、組織・企業は自らの本来の経営理念・目的・存在理由をはっきりさせよという意味に置き換えてみると、農協にも当てはまることだと気づいた。

「選択と集中」は農協にとっても例外ではない。それは本書で述べる、農業ないし農業者に対する偏見・呪縛からの解放でよりはっきりと理解できる。

だが、現実には、農協陣営（全中）にはこうした観点からの論点整理は伺えず、あるいはそうしたことは先刻ご承知であるものの、戦艦大和よろしく巨大組織として急転換ができないでいるのか、いずれにせよ、農協法改正前の地域組合論（二軸論）によって農協運動が進められている。

また、農協を支援してきた学者・研究者にも、見直しの機運は見られず、これを従前どおり肯定した上で、むしろ、中央会制度が廃止になったことは自主的な農協運動にとって好ましいことだなどという人もいる。

農協は、これまでのような二軸論に立って、その思いとは別に、結果として准組合員を組織の外に追いやることは愚策ではないのか。むしろ身近にいる准組合員を本当の意味で農業振興の仲間に引き入れ、ともに農業振興という共通目的に向かって進むことこそすべての解決策につながるのではないのか。それは正組合員よし、准組合員よし、行政よし、国民理解よしの農協運動の展望を開くことになる。

准組合員の事業利用規制検討期間は二〇二一年三月で終わり、六月には政府による「規制改革実施計画」が閣議決定され、また一〇月には第二九回ＪＡ全国大会が開催された。大会議案については本文でも触れるが、この大会は中央会制度が崩壊してはじめての歴史的な大会（自主・自立農協運動元年）であった。だが、そのことは大会議案に一言も触れられていない。

その背景にある考え方は、「今回の農協改革はわれわれが望んだことではない。規制改革推進会議のメンバーが一部急進的な官僚と組んで仕掛けたもので、われわれに何の非もない。改革はとっくの前から自分で行っている」という独善的な組織の認識がそのもとになっている。そこには、この改革を主体となって推進した自民党さえその被害者だと言わんばかりの、誠に信のない無責任な言い訳も横たわっている。

こうした状況・認識を踏まえ、なぜ中央会制度が廃止になったのかについて、筆者独自の総括を行い、そのことから得た学びを教訓とし、今後の農協運動について考えてみたい。

その内容は、結論から言えば、本書で述べる中央会制度の崩壊から学ぶ四つの教訓に基づく、「新総合ＪＡビジョンの確立」という方向に他ならない。

第一章

中央会制度の創設

「全中も都道府県の中央会も、すべてこれまで通り存在している。したがって何も変わってはいない、これまで通り中央会のもとに結集して農協運動を続けていけば良い」という認識は根強い。

それは、主に二つの理由による。その一つは、中央会制度廃止の影響が計り知れず大きくその想定がつき難く、したがって、とりあえず何も変わっていないと思いこもうとする心理状況の反映であり、もう一つは政府がとった、中央会組織の移行措置にある。

県中央会については「附則第九条の規定により、なお存続するものとされた存続都道府県中央会は、施行日から起算して三年六月を経過するまでの期間（移行期間）内に、その組織を変更し農業協同組合連合会になることができる」。また、全中については、同じく「存続全国中央会は、移行期間内にその組織を変更し一般社団法人になることができる」。

「三年六か月を経過した日（二〇一九年九月三〇日）までに、都道府県中央会は農協法に基づく『連合会』に、全中は「一般社団法人及び一般社団法人に関する法律」に基づく『一般社団法人』に組織変更しなければ解散したものとみなす。

また、組織変更すれば、引き続き全国農業協同組合中央会、〇〇農業協同組合中央会という文字を使うことが認められる」ことになったのである。

このように、全中は農協法による特別法人から一般社団法人に、県中は農協法による連合会への移行措置がとられることになった。

だが、中央会は移行前と移行後ではその内容が全く別のものに変質したのであり、旧農協法に規定されていた中央会は、事実上解散命令を出されたのに等しい状態となったということを、農協及び関係者は肝に銘ずるべきである。

全中内にはこの際、解散して新たな組織をつくった方が今後の運動展開にとって望ましいという意見もあったのだろうが、そのような危険な道はとれなかったというのが大方の見方だったのであろう。

実際とくに全中は、比較するのは適当ではないかもしれないが、組織形態は一般社団法人となり、前身であった全指連（一九四八〈昭和二三〉年設立）以前の状態に戻ってしまったとも言えるのである。

それでは、中央会制度はどのようなものであったか。以下に『農業協同組合制度史』財団法人協同組合経営研究所刊（一九六七年）「第二巻第五章第二節」によってその内容を見る。できるだけ原文を尊重したが、読みやすくするため一部筆者による加筆・修正を行っている。

1　背景

一九五四（昭和二九）年の農協法改正で中央会制度は農協法の中に位置づけられた。それまでの農協の指導組織は指導連であり、全中の前身は全国指導連（全指連）であった。中央会制度創設の背景には、戦後の経済混乱に基づく農協の経営危機と農業団体の再編問題があった。

経営問題について言えば、一九四九（昭和二四）年の時点で総合農協数は一五，〇〇〇を超え、経営基盤がぜい弱な農協が乱立し、設立後数年を経ずして経営危機に陥る農協が続出してその対策が迫られたのである。

だが、農協は戦後の経済混乱の中で自力更生がかなわず、いわゆる再建三法と言われる、「農林漁業組合再建整備法」一九五一（昭和二六）年、「農林漁業組合連合会整備促進法」五三（昭和二八）年、「農協整備特別措置法」五六（昭和三一）年によってようやく経営再建がはかられた。

このような背景のなかで、①農協の経済団体としてのあり方の反省と再認識のもと、②国の方針に呼応して組合の指導を総合的かつ公共的に行い得る指導組織の必要性から中央会制度が創設されることになった。

ちなみに、農協組織では、第二回全国農協大会で「農協総合指導組織確立に関する決議」（昭和二八年一二月三日）が行われている。

2 制度上の地位と性格

農協中央会は、形式的には農協連合会と相似した性格を有するように見えるが、組合とは本質的にその地位と性格を異にする。農協は、その構成員のため必要な一定の事業を協同して経営し、これを構成員の利用に供することによって共通の利益の増進をはかる自主的相互扶助の団体であり、連合会もその例外ではない。

これに対して、中央会はその構成員のためにのみ事業を行うのではなく、広く全農協の健全な発達をはかることを目的とし、その活動の範囲は、単に構成員の間にとどまらず、広く組合全般にわたり、いわば「組合社会一般の利益」に奉仕すべきものと考えられた。

中央会の主たる事業は、組合指導と組合教育であり、必ずしもいわゆる農政活動や技術指導を否定しているわけではないが、指導、教育、監査、啓蒙宣伝、調査というような仕事によって、あらゆる組合がよりよく組織され運営されるように努めることがその任務と考えられた。

この任務を十分に達成することができるようにするため、中央会は農協系統組織の中にあって特別の地位を与えられていた。

すなわち、中央会は他の連合会と並列的な地位において事業を行うのではなく、いわば組合より一段高いところから全組合の指導をすべきものと考えられた。

農協の育成強化あるいは組合教育は、新しい農協制度の発足以来、主として国や県の任務と考えられてきたが、中央会はこのような国や県の仕事に代位し、これを補充する活動を行うべき性格を保有すると考えられた。

この意味で、中央会はいわゆる組合運動の総合的調整機関たる性格を有する反面、国の政策目的に即応してその事業を行うべき性格を有するものとして構想されたのである。しかしだからと言って、中央会は国や県の下請け団体ではない。中央会は組合を主たる構成員とした自主性を持つ存在であるからだ。

要するに中央会は、農協の自主的活動の中枢的存在であると同時に、行政目的に即応しこれを補完すべき使命を有するものと考えられたのであって、中央会はこの二重のしばしば調整困難な機能のゆえにこそ農協制度の中で特異な存在であった。

このような特異な性格及び目的に基づいて、中央会は組織構成においても独特の形式をとっている。すなわち、中央会は全国中央会と都道府県中央会という二段制の組織形態をとっているが、中央会の目的は国の政策目的に合致しつつ組合全体の指導、教育及び組合運動の推進をするというところにあるので、全国中央会と県中央会がまったく独立的存在であることは許されない。

そこで、県中央会は全国中央会に当然加入するとともに両者の会員はできるだけ共通にするという手段がとられ、さらに全国中央会は県中央会に対して指示調整する権能が付与された。

要するに、全国中央会と県中央会は法人としては別々の組織ではあるが、実質的には全中のもとに県に支会を置くがごとく、全国で一つの組織体として機能するように措置されたのである。

なお、『制度史』ではとくに触れられていないが、中央会がいわゆる賦課金によって運営されることも法律上明確にされており、中央会の活動に必要な経費は会員に賦課することができ、しかもそれは、いわゆる賦課金徴収権として保障されていたことも忘れられるべきではない。

3 事業の内容

中央会は、組合の健全な発展をはかるため、①組合の組織、事業及び経営の指導、②組合に関する教育及び情報の提供、③組合の監査、④組合の連絡及び組合に関する紛争の調停、⑤組合に関する調査及び研究、⑥その他目的を達成するために必要な事業を、その会員であると否とを問わずすべての組合について行うことを主たる任務とする。

これらの事業規定は、農協法による事業の制限列挙規定と似ているが、農協の制限列挙規定と違うのは、農協の場合、列挙された事業を必ずしも行う必要がないのと違い、中央会はその組織上の性格から必ず行わなければならないものと解されている。

①組合の組織、事業及び経営の指導

ここに指導とは、単に組合の組織を整備し、事業を振興し、また経営を改善するために必要な知識を提供するだけでなく、知識を提供するとともにこれを消化させ、実際に活用し、その効果を見届けるまでの過程を含む一貫的・総合的なものでなければならないと考えられた。

組合の組織の指導とは、たとえば組合員の結合の強化、組合が適正な経営規模になり得るように地区を拡大し、組合員数を増大させるよう指導し、あるいは組合数を整備し、また単位組合と連合会との機能分担の整序や有機的関係の確立などの指導を意味するものと考えられ、行政庁の方針と表裏一体の関係において行われることが望ましいとされた。

組合の事業の指導とは、組合の行うすべての事業について、それが健全かつ効率的に、またもっとも組合員の利益に役立つように行なわれるよう、組合の実情をも考慮してなさるべき一切の指導活動を指したものである。

このなかには生産関係の指導を含めて考えられたが、農業生産に関する指導は、農民に対するそれを意味するのではなく、組合が直接農民に対して行う事業をよりよく行ない得るよう組合に対して指導するべきものと考えられた。

②組合に関する教育及び情報の提供

組合に関する教育及び情報の提供とは、かつて産組中央会が行ったような諸種の教育活動などを新しい事態に即応して行うことを目的としたものであって、組合の発達をはかるために必要な限りにおいて組合及び組合員に対してのみならず、一般の農民を対象としても行い得るものと考えられた。

③組合の監査

中央会が行う監査は、行政庁の監査と異なり、本来、組合の内部監査すなわち組合が行う監事監査に代わるべきもの、またはその援助という意味に解され、対象組合の同意に基づいて行われる一種の受託監査であった。そしてそれは、指導事業と表裏一体の関係において運営されるべきものとされた。

また、中央会の監査については、その事業の性格に鑑み、制度上特別の措置がとられた。すなわち、中央会が監査事業を行おうとするときは、監査の要領及びその実施方法ならびに農協監査士の服務に関する事項を記載した監査規程を定めて農林大臣の承認を受けなければならないものとされた。

④農政活動

いわゆる農政活動をいかなる団体が行うべきかという問題は、農業団体再編成をめぐる議論の中心課題の一つであった。この団体問題の帰結として、農政活動は農業会議所系統で行うべきものとして制度的措置が講ぜられた。しかし、だからといって中央会に農政活動の機能が全く認められなかったわけではない。法律は一定の限定のもとに中央会の農政活動を是認し、とくに行政庁との関係において、「中央会は組合に関する事項について、行政庁に建議することができる」旨を規定したのである。

中央会の目的が組合の健全な発達をはかることにある以上、組合とは直接関係のない農民一般、農業一般の問題は中央会の農政活動の範囲外にあるとするが、一方で、農政活動を行政庁に対する建議と言う形で認めたのである。

⑤全国中央会の県中央会に対する指導連絡事業

中央会が組合全般の発達をはかるため必要な事業を効果的に実施するには全国中央会と県中央会とが一体不離の関係に立たなければならない。このような観点から「全国中央会はその事業の浸透徹底を図り、又は県中央会の事業の総合調整を行うため、県中央会の指導及び連絡に関する事業を行うことができる」こととされた。

また、指導及び連絡を行うため必要があるときは、全国中央会は事業計画の設定・変更、または業務の重要事項の指示や県中央会からの報告の徴収などができることとされた。以上の事業は、事業というよりは、全中と県中の一体となった特別の機能を現したものと言える。

第二章

中央会制度の廃止

今回の農協法改正で中央会制度は廃止され、中央会は前述の制度上の地位と事業内容のほとんどすべてを失うことになった。中央会制度は、農協法の第三章の「農業協同組合中央会」によって規定されていたが、この規定の「削除」というたった二文字によってであった。

1 法制度上の変質

中央会制度の廃止によって、県中央会は、①会員の要請を踏まえた経営相談・監査、②会員の意思の代表、③会員相互間の総合調整という業務を行う連合会に、全国中央会は、会員の意思の代表、会員相互間の総合調整などを行う一般社団法人に移行することができることとされた（附則第九条から第二七条まで）。

これまで、全中と県中央会は一体となって単位農協を指導する組織であったが、全中と県中は法律上別の組織になり、両者は完全に分離・分断されることになった。全中と県中は、組織としての整合性さえなく、木に竹をついだように一般社団法人と連合会に分けられたのである。

また中央会への加入について、これまで会員資格を持つ県中央会と県中央会の正会員たる組合は、すべて全中の会員になることが義務付けられていたが（当然加入）今後は、組合が県中央会の会員になること、また組合や県中央会が全中の会員になることは全く自由であり、それは専ら組合等の自由意思によることになった。

さらに、中央会は定款の定めるところにより、会員に経費を賦課することができる（賦課金徴収権）とされていたが、今後は必要な経費は、全中の場合、会費によって賄われることになった。賦課金は会員への経費の割り当てであり、それは必ずしも対価性（費用対効果）を伴うものではなかった。

今後、全中の運営経費は会費によることになるが、会費がどの程度の対価性を持つかどうかは別にして、今後は賦課金よりは費用対効果がより明確にされて、会員の義務として会員の自由意思によって収められることになる。

これまでの中央会制度は、農協と農水省が一体となって機能してきたものであり、したがってまた、会員が中央会に支払う賦課金は、全体としてその多くを農水省に対して支払うという潜在意識があったと思われる。突き詰めていえば、いざというときに農水省がなんとかしてくれるという組織の担保金という意識である。

実際、農林省（当時）は再建整備のための経営指導を自ら行うのではなく、中央会制度を創設することによってその経費を農協に負担させ、見返りに実施事業の明定、賦課金徴収権など強大な権限を中央会に与えることにしたのである。

言い換えれば、中央会制度における賦課金は、全体として一種の税金と言っていい性格を持っていたと考えられる。

今後そうした面での意識が変わり、とくに全中は、組合等の会員から費用体効果という観点で、会費について厳しくチェックされることになることを覚悟しなければならない。

なお、中央会制度の廃止に伴って、都道府県中央会は連合会となり、その経費は中央会制度のもとにおける賦課金ではなく農協法第一七条の「組合（連合会）は、定款の定めるところにより、組合員（組合）に経費を賦課することができる」の規定による賦課金で賄うことになった。

2 事業内容の変質

以上に述べたように、これまでの中央会制度では、全中と県中が一体となって組合を指導することとして、①組合の組織、事業及び経営の指導、②監査、③教育及び情報の提供などが事業として位置付けられていた。

今回の改正で、県中央会は、①会員の要請を踏まえた経営相談・監査、②会員の意思の代表、③会員相互間の総合調整の事業を、全国中央会は、①会員の意思の代表、②会員相互間の総合調整などの事業を行うことに変わった。

とくに、全中については、事業内容に具体性はなく、代表・調整機能など抽象的な規定となっている。

ここで、改めてこれまでの中央会制度が掲げていた事業の意味について考えてみたい。それは、今後の農協運動にとって大きな意味を持つと考えられるからである。

中央会制度における中央会事業の中核は、農協の組織、事業及び経営の指導となっている。前にも述べたように中央会制度の創設は、基本的には農協の経営対策として打ち出されてきたものであり、それは当然のことであった。

問題は、ここでいう経営の意味であり、それがなぜ教育と情報提供とともに謳われているかということである。一般的にここでの経営は、単に農協の経営ということであり、それ以上でも以下でもない。前述の『制度史』でも経営という言葉に特別の意味を持たせてはいない。一方で、この経営という意味を「協同組合らしい経営」というように置き換えて考えてみることはできないか。

この点に着目して中央会の事業規定を解説したものは、筆者の知る限り皆無であるが、中央会の事業をこのような観点から見直してみると、それは、にわかに重要な意味を持つことになることに気づく。

ここでいう「協同組合らしい経営」とは、協同組合原則に基づく農協の「理念・特質・運営方法」を実現する経営のことである。(注1・2)

注1　このような中央会事業についての見方は、中央会制度を農協法に盛り込むにあたってつくられた、農協中央会設立委員会（農協中央機関の代表で構成・昭和二九年七月二六日）においてまとめられた「農協中央会のあり方」で述べられている、次のような指摘と符合するように思える。
「農協運動には、常に共通の意思が確立されていることが必要で、この共通の意思は、結合を根本とした協同組合原則の堅持という不動の基礎に立って民主的に結集されたものでなくてはならない。中央会の任務は、この共通

の意思を結集し、これをすべての農協活動の基準とさせるとともに、対外的に農協全体を代表するものである」。

注2　協同組合（農協）の理念・特質・運営方法については、拙著『新協同組合ガイドブック』全国共同出版社（二〇一二年）を参照されたい。理念とは協同組合（農協）組織の目的、特質とは同じく体質・特性、運営方法とはワザを意味する。

このような考え方に立てば、中央会は協同組合原則に基づく協同組合らしい組織・事業・経営を指導し、その内容について教育し、内外に情報提供（広報）せよと解釈できる。

さらに踏み込んでいえば、中央会は農協として農業振興に関する協同組合らしい組織・事業・経営に関するビジネスモデルを開発・指導し、それを組合（員）と共に学び（教育し）、またそれを内外に知らせる情報（広報）活動を行えと受け止めることができる。

中央会事業の柱として、監査は別として、なぜ①経営指導、②教育、③情報提供が位置付けられていたのか、もしくはこれらの事業の相互の関連性をどのように考えればよいのかについて、筆者は職場の先輩や同僚からそのような説明を受けたことはないし、学者・研究者などもそのような解釈を加えてはいない。この点について、恐らく行政サイドもそこまでは意識していなかったのであろうが、なぜ中央会事業として経営指導とともに教育・情報提供が事業の柱になっているのかを説明するには、このように考えるのがもっとも合理的なように考えられる。

そして、ここが重要な点であるが、今にして思えば、中央会が「協同組合原則に基づく協同組合らしい組織・事業・経営を指導し、その内容について教育し、内外に情報提供（広報）する」ことこそが農協運動であり、中央会がその役割を果たすことを保障していたのである。

それはまた、中央会が協同組合らしい経営の指導を行う組織であり、いわゆる農政活動とは一線を画す組織であることの証でもあった。

この点、筆者は、農協運動と農政運動（活動）の違いについて、農政運動は主に農協の既得権益の確保のために行われる運動（たとえば予算獲得、制度維持の運動）であり、農協運動とは協同組合的経営によって、組合員農家のニーズを実現し、新たな社会的価値を生み出す運動であると考えている。

これまでに全中が農協運動として展開してきたものは数多くあるが、その一例をあげれば、営農関係では、営農団地造成運動、地域営農集団の育成、集落営農や近年では農業生産法人の育成、農産物直売所の展開などがあり、その他には、農協合併と系統二段階制の推進や高齢者福祉対策の推進、農と住が調和したまちづくりの推進などがある。

このように考えると、旧農協法の中央会制度は、農協が協同組合であることを深く認識し、協同組合らしいやり方で農業振興を促すもので、誠によくできた得難い農協の指導規定だったのであり、行政はこのような農協の指導機関たる中央会制度をつくることによって、農協（協同組合）を通じて農業振興をはかろうとしたと考えられるのである。

農協関係者は、こうした中央会の指導規定を本当の意味でどこまで理解してきたのか。このことを理解するためには、協同組合（経営）論の確立が不可欠である。

ちなみに、中央会制度とともにこの時期、農林省（当時）の手によって創設された協同組合の研究機関も「（財団法人）協同組合経営研究所」となっていた（傍線筆者）。

以上のように考えると、中央会における経営とはあくまで協同組合らしい経営の「指導」であり、農水省が法改正を通じて新たに打ち出してきている経営「相談」などでは決してないのである。そしてまた、経営指導と教育・情報提供（広報）は常に一体でなければならないことがわかる。

いずれにしても、こうした事業規定により、これまでの中央会制度は、実質的に農協の協同組合としての内実を支え、保障してきたものと言ってよく、こうした事業規定の改変・放棄は今後の農協組織に甚大な影響を及ぼすことになる。

なお、中央会事業のうち、監査については、今回の措置で会計監査人（公認会計士）監査に置き換えられた。監査は、農協の経営指導と一体にして行われてきた中央会独自の事業であり、それは会社を対象とした計理士制度の歴史とならぶ、戦前の産業組合以来の中央会の事業であった。

今回、この中央会監査制度は、他の企業とのイコールフッティングの名のもと、実にあっさりと農協から手放すことになった。

第三章

中央会制度廃止の原因・背景

〈教訓と対応の方向〉

中央会制度廃止の原因や背景について考えるとき、それは二つの側面からアプローチすることができるだろう。一つはその原因を専ら外部の要因、言い換えれば新自由主義を標榜する安倍政権の政策推進にあるとする立場であり、もう一つは、その原因を組織内部の運営にあるとする立場である。

農協改革の原因を専ら外部要因とする典型は、三橋貴明著『亡国の農協改革』飛鳥新社（二〇一五年）などに見られる。

物ごとの発生の原因を、外部要因である政策運営に求めることは大きな意味があり、およそ何事も哲学によってしか世の中を変えることはできないことも事実で、政権交代は問題解決の大きな手段であろう。だが、ここでは主としてその原因を組織内部の運営の面から述べてみたい。

イラク戦争に従軍した帰還米兵が言うように、「戦いにおいて、遠くのわかりやすい敵（政府～フセイン政権）を叩くのはある意味容易だが、身内を含む近くのわかりにくい敵を見つけることほど厄介なことはない」のであり、内部における戦いなくして、外部要因を含めた真の改革はできないと考えるからである。とくに、農協改革を進めるのは学者や評論家ではなく、現に農協運動に携っている組合員や役職員であり、それらの人々の意識が変わらなければ改革など望むべくもない。

本書でしばしば、中央会制度の「廃止」ではなく、「崩壊」と記述しているのも、この制度がなくなったことの理由を、単にアベノミクスによる廃止だけではなく、自ら中央会制度の本当の意味を理解していなかった農協の方にもその責任の多くがあると考えたからである。

中央会制度廃止の理由については、実質的な政府の解説による「中央会制度の廃止の趣旨」『逐条解説農業協同組合法』大成出版社（二〇一七年）七〇九ページでは、「中央会発足時に一〇，〇〇〇を超えていた総合農協数は、二〇一五（平成二七）年には七〇〇程度に減少し、一県一農協も増加しており、個々の総合農協の規模や職員体制は拡大し、ほとんどの総合農協は自立した経済団体として事業展開ができる実態が備わっている状況にある。

加えて、信用事業に関しては、再編強化法に基づき、農林中央金庫が信用事業を行う農協に対する指導権限が付与される体系が整っているところである」として、「二〇一五（平成二七）年改正法においては、行政代行的に指導や監査を行う特別認可法人である中央会については、地域の農協の自由な経済活動を適切にサポートするという観点から自律的な新たな制度に移行することとされた」と述べている。

こうした中央会制度廃止の理由は行政サイドの見解であり、形式的な内容の域を出ないものである。ここではとりあえず、行政自らが、かつての中央会を行政代行機関として認めていることに留意しておきたい。

それは、初代の全中会長が前身の全指連の会長を務め、歴代農林事務次官の中でも「米の神様」と言われ、抜きんでた実力者の荷見安氏であったこと、また、東京大手町一の八の三の旧農協ビル敷地が、農水省から払い下げを受けたものであることなどからでも明らかである。

1 中央会制度廃止の意味

今回の農協改革は、農協陣営にとって、その戦略といい、結果といい、完全敗北と評価していいものだった。そのことは、戦後七〇年、農協運動を支えてきた中央会制度が、中央会という名前だけは残ったものの、制度上の内実が完全になくなったことに象徴されている。

それは、二〇一四（平成二六）年六月の政府（安倍内閣）による農協改革についての「規制改革実施計画」の閣議決定後わずか一年も経たない、七か月余りのできごとだった。

全中会長はじめ農協全国連首脳は、二〇一五（平成二七）年の二月八日には、政府・自民党が提案する中央会制度の廃止を含む農協法改正原案（骨格）の受け入れを決めたのであり、農協は農協改革の緒戦においで、すでに完全敗北を喫していたのである。

今では、「農協が進める自己改革は進展している、これを政府・自民党も評価している」などの言葉が行きかうが、農協は運動の司令塔としての中央会制度を失ったのであり、それはまさしく完全敗北と言っていい。

もともと中央会制度は行政によってつくられてきたもので、今回行政の手によって廃止されたのだから、仕方のないことだ、否むしろ自主的な運動にとって好ましいことだなどという意見もあろうが、それはあまりにも傍観者的すぎる見方である。

これまでの農協運動はその多くが行政の手によって支えられてきているが、中央会制度の存在はその象徴であり、農協はこの制度の廃止によって、自主・自立の農協運動の基盤を失ったとさえ言えるのである。

だが、行政の手を借りない自主・自立の運動の行く途はあまりにも厳しく、険しい。明治政府による産業組合の設立以来、日本の協同組合は政府の庇護のもとに育成されてきており、とくに農協の場合、行政に多くを依存する農業問題を抱えるだけに協同組合としての自主・自立の意識は希薄である。

後にも述べるように、中央会制度の廃止によって農協は、むしろますます自主・自立とはかけ離れた運動の道を辿っているように見える。今回の農協改革の敗北は、農協のみならず、日本の協同組合運動全体にとって多くの影響が及ぶことを協同組合陣営は深く認識しておくべきであろう。

このような状況のもと、農協（正確には、全中というべきか）はいまだにその敗北を認めてはいない。それどころか、反対に自らの旧来路線の正当性を主張するのみである。自己正当性の象徴は、農協が主張する「自己改革」という言葉に凝縮されている。

農協が使う「自己改革」という言葉の意味は、こうである。「改革とは自分でやることで、他人からとやく言われることではない、そんなことはとっくの昔からやっている。

だから自分たちに何の非もない、今回の農協改革（農協改悪）の元凶は「規制改革推進会議」の存在であり、その連中が勝手にやっている」という主張なのである。

この場合、「農協改悪」を進めているのは専ら「規制改革推進会議」であり、その改悪装置をつくっているのは、他ならぬ与党の自民党なのであるが、そのような不都合な真実は考えないことにされる。

もともと、自己改革という言葉は、当時の規制改革会議の意見をもとにまとめられた政府の「規制改革実施計画」の中で使われていることに由来する。そこには、こう記されている。

「地域の農協が主役となり、それぞれの独自性を発揮して農業の成長産業化に全力投入できるように（農協）を抜本的に見直す。今後五年間を農協改革集中推進期間とし、農協は重大な危機感を持って、以下の方針に即した自己改革を実行するよう強く要請する。

政府は、以下の改革「①中央会制度から新たな制度への移行、②全農等の事業・組織の見直し、③単協の活性化・健全化の推進、④理事会の見直し、⑤組織形態の弾力化、⑥組合員のあり方、⑦他団体とのイコールフッティング」が進められるよう法整備を行う」、というものだ。

このようにもとはと言えば、自己改革という言葉さえ政府からの借りものなのである。

農協陣営は、ここでいう自己改革の意味を逆手に取った。自己改革は、自分がやることで他人（政府）に言われてやることではない。こうした自己改革の意味のすり替えは、それ自体は取り立てて問題とすべきではない。

問題とすべきは、このことによって、農協組織の旧来路線が正当化され、改革についての一切の議論や対策が封殺されることである。

今回、政府が求める農協改革は、農協の組織・事業・経営基盤の変化に対応する大掛かりなもので、改革のやり方の是非はともかく農協として真剣にその対策を考えなければならないことであった。

あらゆる組織にとって、環境変化に対応していくことは最重要の課題であり、ピンチをチャンスすることこそ組織の生き残りの鉄則である。

だが、農協組織はそのような対応の道をとらなかった。もしくは、とってきてはいない。中央会制度の廃止など都合の悪いことはすべて規制改革（推進）会議の仕業であり、あらゆることに対して自己の正当性と既得権益の確保を主張するのみである。

それは、自主・自立の農協運動の展開とは真逆の、対策のすべてを自民党にすがることとセットの対応として展開されており、それは後に述べるように、最重要課題とされる准組合員対策に凝縮されている。

当初、単位農協からは全中が言う自己改革の意味がわからない、従来通りのことをやるのであればあえて自己改革という言葉を使う必要はないのではないかという素朴な意見が出されていたが、そうした意見にまともな答えが用意されることはなかった。かくして、その本当の意味がわからないまま、自己改革という合言葉が農協の中で大合唱されることになったのである。

人でも組織でも、窮地に陥るとその実力・地金が鮮明になる。筆者はもとより農協組織は自主・自立の組織であると考えたいが、窮地に陥ったいまの農協組織の対応を見ると、とてもそのような組織であるとは考えにくいというのが率直な感想である。

ともあれ、ここで指摘したいのは、農協はもともと組合員による自主・自立の組織とは程遠い組織であり、政府による協同組合組織育成のための中央会制度という政策装置によって、辛うじて協同組合としての運動が保障されてきたと言っても過言ではないということである。

皮肉にも中央会制度が廃止されたのを契機に、全中をはじめとして農協がますます政府・自民党頼りの運営に特化していっている事実がそのことを如実に物語っている。

実際にこれまでは、全中・農協は政党とは一定の距離を置く中で、農水省と中央会が一体となることで米の生産調整やＪＡ合併などについて機能を果たしてきた。

後に述べるように、中央会制度は、法律でその事業内容と事業にかかる経費が保障され、全中と県中が一体となり、しかも政府と二人三脚で農協の指導を行うという完璧な政策推進・農協運動推進の作動装置であった。

中央会は農水省（国家権力）という強固な鎧を全身にまとった指導団体であり、それゆえ、組合員に対してもまた関係者にとっても押しが強く、また存在感を示せる組織だったのであり、それは、農協の自主・自立の協同組合運動を保障する政策推進装置でもあったのである。

今回の中央会制度の廃止によって、中央会という特別法による農協の自主・自立の協同組合運動は保障されなくなったのであり、これからは、協同組合第四原則に掲げられる自主・自立の協同組合運動は、自ら構築していくしかその術はない。ここに、農協にとって中央会制度崩壊の最大の意味がある。

2 政治活動への関与

(1) 前史

中央会制度はなぜ廃止されたのか。まず指摘されるのは、農協の政治活動への介入だろう。これまで農協に対しては、いわゆる「農協批判」が繰り返されてきている。主なものに、総務庁による「農協の行政監察」、バブル経済崩壊時の「住専問題」〈住専問題は農協問題〉などが思い起こされる。

今回の規制改革会議による農協改革も、こうした流れをくむ農協批判の流れの一つでもある。だが一方で、今回の改革は、政府（アベノミクス）による規制改革の一環として行われたもので、過去の農協批判の際は主務省たる農水省は常に農協サイドについていたが、今回の農協改革は農水省自体がその先頭になっている点が違う。

このうち、農協運動と政治との関係で大きな問題となったのが、総務庁による「農協の行政監察」である。「農協の行政監察」の背景には、農協の政治への介入があった。

一九八六（昭和六一）年に行われた衆参同日選挙で、中曽根康弘総裁率いる自民党は大勝利をおさめたが、この選挙で、全中は衆参両院の全国会議員に対して、農協が主張する農業政策（米価据え置き）について、賛成するかどうかの踏み絵を踏ませた。

これに激怒した中曽根総理は、国家権力（総務庁）を使って「農協の行政監察」を行ったのである。これに懲りた全中は、中央会が政治活動を行う弊害を防止するため、一九八九（平成元）年六月に農協の政治活動組織として、全国農業者農政運動組織協議会（全国農政協）を設立した。

これらの活動を主導したのは、全中の山口巖専務理事（当時）であったが、山口氏は日頃から政・官・団体のトライアングル関係には節度を持てというのが口癖の生粋の農協運動家であった。このため、とくに全中と政治との関係には厳しく一線を引く措置を講じたのである。

山口専務はまた、全農発足時（一九七二・昭和四七年）に、全国農協牛乳直販株式会社を設立し、「自然はおいしい」をキャッチフレーズにした「農協牛乳」を世に問い、戦後の高度経済成長期の農協界・全国の食品流通業界にイノベーションを起こした時代の先駆者であった。

自然をキーワードにした成分無調整牛乳（それまでの牛乳は、原料乳不足のため、ヤシ油などの増量剤が入っているのが常識であった）は、圧倒的な消費者の支持を得て、その後牛乳のみならず、安心・安全食品提供の企業のコンセプトになって行った。

「農協牛乳（成分無調整）」の販売は、まさに生産者のニーズに応え、新たな社会的価値を創造する戦後農協運動（協同組合ビジネスモデル構築）の金字塔であった。

(2) 選挙への介入

だがこうして全中が必死になって取り組んできた政治活動排除の姿勢は、二〇〇七（平成一九）年七月に行われた参議院選挙でいとも簡単に覆されることになった。

この選挙にあたって、全中は「農政運動組織強化方策」に基づき、農業者の政治団体として、「全国農業者農政運動組織連盟（全国農政連）」を二〇〇六（平成一八）年四月に設立した。(注)

注　前述の全国農業者農政運動組織協議会（全国農政協）が「全国農業者農政運動組織連盟」と「全国農政協議会」に再編された。

この措置は、中央会活動と農業者の政治活動との間に一線を画することを標榜したものであったが、それは表向きのことであり、その実は「全国農業者農政運動組織連盟」を表看板として、実質的に中央会が参議院選挙の母体となるためにとられた措置だったと言っていい。実際に、全国農政連の専任事務局体制は数人程度に過ぎず、全国的な選挙活動を行っていくには程遠い体制にある。

このことについて、そのようなことは筆者の勝手な思い過ごしではないのかという批判を受けそうだが、その後の山田候補への全中・県中をあげた選挙運動推進の実態を見れば、そう言われても仕方がないであろう。当時の全中の教育部長さえもが、研修会の冒頭のあいさつで、山田候補への投票依頼を何の疑問や気おくれもなく堂々と行っているのを目の当たりにして、唖然としたことを覚えている。

中央会はこれまで述べてきたように、極めて公共性の強い、実質的には政府による完璧な農協の指導組織であり、今でも全国で二，六九七名（うちプロパー職員一，七八〇名）〈令和元年四月一日現在：全中調べ〉の職員を抱える巨大組織である。それが、農協のそれも全中が推す特定候補のための選挙事務所と化したらどうなるか。結果は歴然であった。

山田候補は空前の四五万票（四四九，一八二票）を獲得して当選を果たし、農協組織は自前候補の勝利に沸き返った。半面で、かつて農協が推し、参議院議員一期の実績をもとに二期目の当選を目指した農水省出身の福島啓史郎候補は、あえなく落選の憂き目にあっている。(注)

注　参議院選挙に先立つ農協の組織内候補決定の予備選の際、記者団から、「現職の農水ＯＢ議員を推薦しなかったことについて、自民党、農水省との関係に影響はないか」と、危惧する質問が出されていた。

山田選挙までは、選挙は専ら「全国農政協」によって行われてきており、中央会は選挙にはかかわらないという組織原則が守られていた。このため、農協が推す候補はいつも苦戦を強いられた。山田選挙の三年前の参議院議員選挙では、農協が推す農水省出身の日出英輔候補が2期目の当選を目指したが落選した。

この教訓をもとに、選挙で勝つには実質的に中央会組織が動くしかない。それが選挙にあたって下した全中及び山田候補の結論であり、同時にその背景には、この際、農協の自前候補の擁立をはかるべきとの強い機運があった。

実質的に山田候補が中央会の推薦を受けることが決まった際に、「これで山田候補は、泡まつ候補から本命候補になりましたね」という、当時の全中常務が発した言葉が今でも筆者の耳に残る。

だが、このパンドラの箱を開けた行為の代償はあまりに大きかった。中央会は、もともと農協の経営指導を行う組織であり、政治活動はおろか農政活動さえ制限を受ける組織であった。

それが政治活動はもとより、特定候補の選挙活動の具にされることなど、中央会制度をつくった行政には想像すらできなかったことである。行政にとって、中央会制度はもはや不要の存在だと考えるのは、当然のことであった。当時の状況を知る全中トップは、一様に「こうした選挙体制は当時の情勢からやむを得ないことで、一回限りのことと考えていた」、そして、その後の同候補への選挙体制や全中運営への影響力について、「ここまでになるとは」と証言している。

最初のボタンの掛け違いがあったとしても、その後に続く全中指導者は、こうした思いを引き継ぎ、山田議員を通じた自民党の政治支配に歯止めをかけるべきであったが、一度動き出した歯車は止まらずむしろ加速して行くことになる。

この選挙を契機として、政治活動の形式は全国農政連、実質の政治活動は中央会というやり方が定着していくことによって、政治活動に一線を画すべき中央会本来の姿が、大きく変質していくことになっていった。

こうした、形式さえ整っていればその実質は問わないという全中の運動戦略は、その後の中央会全体の立場を危うくし、広く関係者のモラル低下を招くことになる。

山田候補が選挙の直前まで全中専務を務めていたことは、全中・県中に対して強い影響力を持つことになり、選挙戦においても、当選後の議員活動においてもその影響はあまねく農協組織全体におよぶことになった。

とくに、自民党・山田議員と全中との関係は、参事の設置（二〇一一年二月）や議員事務所への全中・全国連職員の派遣（かたちは休職）などを通じて、一層強固なものになって行く。

結果は、全中にとって手を出すべきでなかった政治への介入によって「母屋全焼～中央会制度の廃止」という事態に至るのである。

(3) 農協改革への影響

この選挙への介入は、農協組織にとってそれだけでは済まなかった。それは山田議員当選によって、全中が自民党政治支配の一環に組み込まれていくことを意味していた。山田議員が農業・農協改革に真面目に取り組めば取り組むほど、結果的に全中は自民党の影響を深く受けることになっていくという皮肉な結果を招くことになった。これが政治の恐ろしさである。この現象は、独自の政治・選挙活動の経験を持たない組織選出議員の場合、より顕著に表れる。

今回の農協改革の発端になったのは、二〇一四年五月一四日の規制改革会議の農業ワーキング・グループの提言書だった。(注)

注　提言書には①中央会制度の廃止、②農協信用事業の分離、③准組合員の事業利用規制などが盛り込まれている。

この提言書の公表から一週間後、「新農政における農協の役割に関する検討プロジェクトチーム」などの合同会議が自民党本部で開かれ、以降この問題は、「インナー」と呼ばれるごく少数の自民党農林幹部の協議に委ねられることになった。収斂に向けた不透明な「密室議論」のはじまりであった。

飯田康道著『JA解体～一〇〇〇万組合員の命運』東洋経済新報社（二〇一五年）は、二〇一四年五月から二〇一五年の二月までに政府・自民党・全中の間で繰り広げられた農協改革の攻防・暗闘の様子を克明に記録し、農協改革の進め方の特徴を「密室議論」と喝破している。この「密室議論」こそ、農協改革についての農協対応の際立った特徴であり、全中が犯した戦略上の最大の誤りだった。

山田議員当選によって全中は自民党との間に太いパイプを持つことになり、またそのことで、全中は自らの意思を、自民党を通じて実現できると思い込まざるを得なくなっていったのである。しかしそれは、必ずしも自らの組織利益を実現することにはならず、むしろ逆に大きな損失をもたらすことでもあった。

全中は、農協の自己改革（当初は自主改革）について、有識者会議等を開いて対応を協議したが、それらは広く組合員の段階までおろして討議されることはなく、農水省から全中会長への中央会監査廃止の事前通告などの重要事項についてさえも広く喧伝されることはなかった。むしろ、意図的に抑えられたと言っていい。その根底には、「最後は自民党がなんとかしてくれるのではないか」という潜在意識が働いていたことは間違いないだろう。規制改革推進会議が進める農協改革の問題点を整理し、組合員の討議・運動によってこれを跳ね返すという王道の農協運動（協同組合原則の組合員による民主的管理）は、関係者の間で封殺されてしまったのである。

その後、わずか八か月余り（二〇一四年五月二一日〜二〇一五年二月八日）のうちに、全中会長はじめ農協の全国連首脳は、最終的に中央会制度の廃止を取るか、准組合員の事業利用規制を取るかの、将棋でいう王手飛車取りの決断を迫られる状況に追い込まれ、中央会制度は廃止されることになったのである。

自民党を信じてついて行った全中は、最後の最後に自民党に裏切られたのである。当の農水省も、これほど見事に中央会の廃止が決まるとは思っても見なかったのではないだろうか。この時に全中会長が抱いたと思われる不本意で口惜しい想いは察して余りがある。

王手飛車取りは、通常は打たれた時点で勝負は決まる。ここに至って、全中にはそれを跳ね返す力は残っていなかった。ちなみに、この勝負における農協にとっての王将は、准組合員の事業利用規制であり、この問題が農協にとって中央会制度を手放してさえも守るべき最大の課題であることが明らかになった。

全中会長は、「両方とも飲めない、こうした重要問題は、あるいはこうした重要問題こそ堂々と国会で審議すべきである」と何ゆえはねつけられなかったのか。その理由は、この時すでに全中は、自民党の政策決定のプロセスの中に深く組み込まれていたからである。

実際、二〇一五年二月八日に行われた、政府・与党と全中会長をはじめとする全国連会長とのトップ会談で決められた中央会制度廃止の決定は、二月一二日の通常国会冒頭での、安倍総理大臣の「六〇年ぶりの農協改革の断行」を所信表明演説に盛り込むためにとられた措置であった。

状況は、中央会制度の廃止を盛り込んだ農協法の改正案が、国会に提案・審議される前に農協首脳によって承認されるという、本来あってはならない事態に陥っていたのである。

この間、山田議員が自民党と全中を取り持つキーパーソンとして重要な役割を果たしたのは自身の立場から当然のことであった。一方、自民党はこの間、したたかに選挙における当選の代償を全中及び山田議員に求めた。農協法改正の国会審議に先立って、いち早くその骨格を承諾した際に、全中会長は自らの組織が廃止になったにもかかわらず、全農協に対して「これも自民党の先生方のお陰」とお礼の文書を発信させられた。

また、改正農協法の参議院での通過に際しては、山田議員を参議院農林水産委員会の委員長に起用した。それは中央会のお陰で当選した山田議員に、他ならぬその中央会の廃止を自らの手で最終的に決めさせる残酷なものであった。

とくに、山田議員にとって今回の結末は、自らを議員にしてくれた中央会廃止の農協法改正が国会で成立した時点で、自民党脱党はおろか議員辞職にさえ値する出来事であったことに違いない。

一方で、農協側の責任者であった全中の会長・専務は、中央会制度廃止という敗北の総括をすることさえ許されず、辞任に追い込まれている。

(4) 協同組合運動と政治

なぜこのような事態を招いたのか。それは、農協陣営に中央会制度の「ありがたさ」についての無理解と惰性があり、また何よりも本当の意味で政治の怖さを知る人がいなかったことによるものだろう。農協には政治が好きな人が多いが、選ぶ方も選ばれる方も、政治へのかかわり方を本当に知る人は少ない。とくに、農協を政治家への踏み台と考えている人や、多くのテクノクラート（職員）には政治の恐ろしさはわからない。農協の場合、人にもよるが、独自の政治・選挙活動の経験を持たず、農協での肩書だけを頼りに組織のカネ・票の力で議員になることは、かえって組織のためにならず、大きな禍根を残すことを肝に銘じなければならない。

協同組合原則の自主・自立（政治的・経済的等距離）は、単なるお題目ではないのである。

協同組合第四原則でいう自主・自立の規定は、それまでの「政治的・宗教的中立」の原則の流れをくんでいる。改定の背景には、協同組合といえども政治的・宗教的中立はあり得ないという事情があったのであろうが、協同組合にとって政治や宗教とのかかわりをどうするかは極めて重要なテーマである。

政治や宗教は人や組織の行動にとって一種の魔力的影響を及ぼすものであり、企業体である協同組合にとってもそれは例外ではない。

筆者は、協同組合を人間が持つ、助け合いの本性に基づく組織であり、会社などの営利組織は競争という人間の本性に基づく組織と考えている。また一方で、競争と助け合いの人間の本性を比べてみた場合、助け合いよりは競争の本性が勝るとも考えている。

それはたとえば政党の動きを見ることで納得がいく。政党は自民党に限らず政権を取れば必ず競争優位の政策を進める。このことは、かつて野党だった民主党が政権を取った途端に、自民党よりも拙速にＴＰ

P交渉参加を決めたことでも明らかである。

こうした観点に立てば、競争優位の組織運営を専らとする経団連などが自民党を支持するのには合理的な理由があるが、一方で助け合いの原理で運営される協同組合が、競争を旨とする政権政党にやみくもにすり寄っていくことには大きな危険が伴い、組織の利益を損なうことを認識しておかなければならない。ここに協同組合第四原則がいう自主・自立（政治的・経済的等距離）の意義を見出すことができ、助け合いの本性に基づく協同組合は、常に自民党の派閥を横断する力や超党派の力を結集して、自らの組織の利益を守っていかなければならないと考えられるのである。(注)

注　このような事例に、「新世紀JA研究会」の名誉代表を務める萬代宣雄氏の執念ともいえる自民党の派閥横断の取り組みがあげられる。萬代氏は政府・官邸が反対し、実現が不可能と思われた「貯金保険機構」の掛け金引き下げを、「新世紀JA研究会」を通じた独自の要請活動によって実現した。その成果は、JAバンク支援基金の掛金凍結とあわせ、農協に年間二三〇億円（一〇年で二、三〇〇億円）の経費削減をもたらす驚異的なものだった。

ともあれ山田議員の当選によって、全中を通じた農協に対する自民党の支配体制が確立していくが、そのことによって何が起こったのか。その象徴は、TPP（環太平洋経済連携協定）反対運動の鎮静化と全面的な農産物貿易の自由化である。

TPP交渉について、当初は全中も反対運動の輪に加わっていたが、次第にその輪から外れ、二〇一六年一二月の国会でのTPP交渉の批准決議では、農協選出の二人の議員はそろって賛成票を投じた。

その後、安倍政権のもとで農産物貿易の自由化が進められ、二〇一八年末にはTPPが発効、二〇一九年二月一日には欧州連合（EU）との経済連携協定（EPA）が発効し、日本は過去にない農産品の市場開放に足を踏み入れることになった。二月に発効した日欧EPAでは、TPPと同様に最終的に農林水産品の八〇％超で関税が撤廃され、重要品目でも市場が開放された。さらに、二〇一九年九月には、国連総会に合わせた日米首脳会談で日米貿易協定に最終合意が行われ、牛肉、豚肉の関税をTPPと同水準に一気に引き下げ、TPPとの調整が焦点となっていたセーフガード（緊急輸入制限措置）は、将来的に加盟国と発動水準を調整することで決着した。一方で、自由化への備えとして民主党政権時に発足した農家への戸別所得補償制度は、二〇一七年度を持って廃止されている。

こうした影響もあって、わが国の食料自給率（カロリーベース）は、三七％と過去最低水準を更新する事態となった。それに加えて、中央会制度の廃止であり、これが自民党による政治支配の結末であった。

小選挙区制のもとでの政党の公認は候補者にとって死活問題である。とくに農協選出の全国の比例代表候補とって、自民党公認の名簿登載が当選の絶対的な条件であり、当選第一を考えれば、議員には自民党の方針に絶対服従しか道は残されていない。

全中や農協と政治の関りについては後にも述べるが、一般社団法人としての全中は政治団体ではないのであり、引き続き協同組合運動の司令塔の役割を果たそうとするのであれば、政治には一定の距離を置くべきであり、政党に対しては等距離の姿勢で臨むことが肝要である。

今回の出来事は、単に中央会の悲劇として済まされることではない。ここから教訓として導き出されるのは、「自主・自立の農協運動の確立」である。ここではそれを、「教訓一」としておこう。

3 政策目的の達成と農協法の目的の変化及びその対応

(1) 政策目的の達成

また、中央会制度廃止の理由には、政府の政策目的の達成と農協法の目的の変化がある。政府の政策目的の達成のうちの一つは、農業政策目標の達成である。いうまでもなく、農協は自作農創設のための農地解放とともに戦後の農業政策を支えてきた二本柱である。

農協は再建整備を経て、とくに日本の高度経済成長期には、食管制度のもとにおける米価運動の旗手としての役割をはたしてきた。そして、これらの農協運動を主導してきたのは、農水省と気脈を通ずる中央会であった。

しかし、その後農業生産は、コメ余りの状態に陥り、一九七〇年代に入ってからは、総合農政の推進という名のもとに、コメの生産調整が行われる事態となった。

その後、米の生産調整は農業政策の最大の柱となり、転作のために様々な施策が講じられてきた。そして、この米の生産調整を行政と一体になって推進してきたのが、中央会であった。だが、長く続いた米の生産調整は、二〇一八（平成三〇）年度をもって終了することになった。

行政と一体となって国の米の政策推進を行ってきた中央会制度は、行政にとって最早必要不可欠な存在ではなくなったのである。同一地域に一つの農協という原則も、米の生産調整を効果的に進めるためという感の強いものだったが、今ではこの原則もなくなり、同一地域に複数農協の設立も可能となっている。

米政策に限らず、国はこれまでに「農業基本法」とそれに続く「食料・農業・農村基本法」によって農業振興をはかってきたが、その意図に反してわが国の農業はますます衰退の一途をたどっている。

農業の衰退はもちろん農協の責任だけに帰せられるものではないが、国は農業振興について待ったなしの状況に追い込まれており、その多くをもはや農協だけに期待することができなくなったのである。

その結果が、農協を農業の振興の手段と見なす二〇〇一（平成一三）年の農協法改正であり、国が農協に農業振興の役割を求める中央会制度の廃止だったとみることができる。

また、中央会制度が廃止された経営政策的理由には、農協合併による農協の体制整備がある。中央会が必要とされた大きな理由は、農協合併（小規模農協の解消）の推進だった。

戦後の農協は一〇，〇〇〇を超える農協が乱立して経営不振を招いた。このため、合併助成法など法律の力を借りて、政府と農協が一体となって合併を進めた。その結果、農協数は激減し、県一農協を含め現在では約六〇〇の農協に集約されることになった。

こうして、自立経営を達成した農協には、もはや中央会の指導は必要がなくなったというのが政府の見解である。

(2) 農協法の目的の変化

さらに、中央会制度廃止の背景には、農協法の目的の変化がある。今回の農協改革には前史があった。それは二〇〇一（平成一三）年の農協法改正である。この改正は、「食料・農業・農村基本法」の制定（一九九九年）、ペイオフ解禁（二〇〇四年）という時代背景のもとに行われた。

その主な内容は、①農協法第一条の目的規定の改正、②営農指導事業を農協の第一の事業とすること、③系統農協が行う信用事業を全国一つの金融機関と見立てるＪＡバンクの確立であった。

このうち、①の目的規定の改正は、農協の中であまり話題にならないが、極めて重要な改正であった。二〇〇一年の改正後（今の）農協法第一条は、「この法律は、農業者の協同組織の発達を促進することにより、農業生産力の増進及び農業者の経済的社会的地位の向上を図り、もって国民経済の発展に寄与することを目的とする」となっている。

ここで、農業者の協同組織とは農協のこと意味している。ポイントは、その農協を農協法の目的である農業振興の単なる手段としたことである。

改正前は「…農業者の協同組織の発達を促進し、以って農業生産の増進…」となっていた。この改正前の規定は、法の目的を農業振興とともに農協の発達を促すものであるようにも受け止められるものであったが、二〇〇一年の改正で農協法の目的は、「…農業者の協同組織の発達を促進することにより、農業生産力の増進…」と規定され、農協は農業振興の単なる手段とされることになったのである。

農協法令研究会発行の『逐条解説　農業協同組合法』（前掲書）には、疑問の余地なくはっきりとそう書かれている。

このことは、農協は専ら法の目的たる農業振興に専念せよ、さらに農業振興以外の事業はできる限り排除せよということを意味し、これをうけて二〇一五（平成二七）年の法改正では、農協組織の一部を株式会社や生協等に組織変更する規定が盛り込まれた。

また同時に、農業振興にはどのような手段・方法がとられてもいいということで同じ法改正で、農協は営農分野に限っては、利潤追求を行ってもよいとされることになった。

中央会制度は、経営指導によって農協（正確には総合農協）の健全な発達を促すものであったが、二〇〇一年の農協法改正で、農協法の目的が必ずしも農協の育成ではなく、農協は専ら、単なる農業振興の手段と位置付けられたことで、総合農協の指導を行うことを目的とした中央会制度は農協法上での整合性を失い、不要となったと見てとれるのである。

このように、政府はもう二〇年も前から農協法における農協の位置づけを変えてきており、農協を農業振興の手段としてしか見ていない。以上のことは歴史的事実なのであるが、これらのことは農協にとって都合の悪いことなのか、農協関係者及び学者・研究者の中で話題にされることはほとんどない。

(3) 求められる地域組合論（二軸論）からの脱却

農協サイドは、こうした行政の動きに無頓着を装っているようにもみえ、いまだにこのことを認めようとしてはいない。そして、その理論的支柱となっているのが地域組合論である。

農協には古くから職能組合論と地域組合論があり、職能組合論は、農協はあくまで農業振興を目的とする組織であるというのに対して、地域組合論は、農協は農業振興だけでなく広く地域住民のために存在する組織であることを主張する。

農協にこの二つの議論が存在するのは、農協の前史が戦前の産業組合であったことに由来する。産業組合はその名が示す通り、農業だけでなくオール産業の育成を目的とした組織であり、組合員は職種を問わず地域住民すべてが対象とされた。

農協の准組合員制度は、戦後の農協法制定にあたり、産業組合（産業組合は、第二次大戦時は農業会に再編された。産業別に再編された農協以前の農業会には、すでに戦後農協法の正組合員・准組合員と同様な意味の当然会員と任意会員の規定があった）における農業者以外の地域住民を農協の組合員として包摂するためにとられた措置であり、農協は農家組合員たる正組合員と農業とは関係のない准組合員で構成されることになった。ここから、農協の地域組合論が主張されることになったのである。

このような経緯から、農協陣営は、これまでおおむね地域組合論の立場に立ち、ある時は、農協は農業振興のため、またある時は地域住民のために存在するとして、これを都合の良いように解釈してきた。今まで、筆者もこうした地域組合論の立場に立っていた。

実は、このように農協が地域組合論に立っているのに対して、政府が主張する職能組合論の立場の対立が、今回の中央会制度廃止の引き金になっている。政府と農協の対立を図式化してみれば、政府＝職能組合論、農協＝地域組合論である。

前述の農協法第一条の改正とも関連するが、中央会は総合農協の経営指導を行う制度であり、農協が自らを地域組合と主張する以上、そうした農協を指導する中央会制度は、政府にとっていらないということになる。

今回の農協改革には、以上のように農協の役割について、行政と農協サイドに大きな亀裂が生じていることに大きな特徴がある。だが、双方の主張は主張として両者の主張の隔たりは埋めていかなければならない。それには論点を明確にして、新しい農協運動の方向を模索することが必要である。

いま農協にとって必要なのは、正確に言えば、地域組合論をさらに一歩進めた二軸論からの脱却であろう。戦後七〇年にわたり農協は、産業組合の残滓を引きずり、どちらかと言えば自らを地域組合と位置付けてきた。

そうすることが信用・共済の伸長をうまく説明できたし、信用・共済事業の伸長で農協は自らの存在を誇示できた。組織は自らの成功体験から脱却することは難しい。農協もその例外ではなく、いまだに地域組合論から脱却できないでいる。

こうした職能組合論と地域組合論については、後に述べるように、以前には、職能組合論を主張した佐伯尚美氏や地域組合論を主張した鈴木博氏等によって活発な議論が行われ、問題の所在がある程度明らかにされてきた。

ところが、いまの農協研究者・学者の皆さんは、そのほとんどが地域組合論に立っていると思われ、一方的な職能組合論批判は行われても地域組合論の問題点を指摘する者がいない。

一方で、農協（連合会を含む）の現場で働く者にとっては、農協が職能組合であるか地域組合であるかなどはどうでもよいことなのであって、現場に距離を置く学者・研究者の皆さんが問題提起をしなければ問題の所在がわからない。

したがって、現場で働く農協関係者の多くにとって、もちろん組合員を含めて農協改革問題の所在すら知らされないままに事態が進んでいるというのが現状である。

4 新たな農協の経営理念の確立と国民に開かれた農協運動

(1) 農業の基本価値

それではこれからの農協の姿をどのように考えて行けばいいのか。それは、農協法第一条に規定されるように、農協は農業振興を専らとする組織体であり、農協がこの組織の原点に帰ることであると考えられる。学者・研究者の中には、全中の方針に同調し、農協法第一条を改正して農協を地域組合として位置付けよという意見があるが、それはほぼ不可能と言っていい。

およそ組織には目的があるが、農協の目的を地域振興という漠然とした目的とすること、もしくは、目的を農業振興と地域振興の二つにすること自体に無理がある。

関連して学者・研究者の中には、「農協は必ずしも農業振興を目的とした組織ではない」、あるいは「農協は協同組合である」などの主張が見られるが、これは二軸論を超えた、単なる協同組合の一般論を述べたものにすぎない。

この意見の背景には、もともと日本の協同組合は政府によってつくられ利用されてきたのであり、農協も政府の農業振興のために利用されてきたという認識がある。だから、自主的な組織運動としての協同組合の存在が主張される。

だが、本当に農協が自主・自立の協同組合であると自覚すれば、協同組合という土台の上に立って、困難な農業問題の解決に立ち向かっていくべきと思う。

農協は優れて協同組合であると主張することで、それが農協役職員の意識結集（組織維持）に有効に働くということは大いにあり得るが、それが肝心の組合員にとってどう受け止められているかということとは別問題である。

いま、筆者が地元農協の准組合員になって感ずることは、農協は協同組合であることはもちろんであるが、それよりもっと普遍的な食を含めた農業問題へ対処する組織であることに重要性を持つ存在と思えるのである。

協同組合は共同体と機能体を統合した概念による組織であるが、企業体として組織の目的を持たなければ、あるいは、目的をはっきりしなければ存在することは難しい。

だが、筆者は農協を、農業振興を専らとする組織と規定しても、これまでのような偏狭ともいえる職能組合論に加担するつもりはない。それは、これからは法で定める農業振興というものに対する考え方を、変えていく必要があると考えるからである。

これまで戦わされてきた職能組合論と地域組合論は、実は農業振興の担い手を農業生産者に限定することが前提になっており、それは職能組合論者も地域組合論者も同じである。だが、この前提に立つ限り職能組合論と地域組合論の呪縛から逃れることはできない。

農業問題の理解が進まないのは、実は農業振興の当事者を、農業生産者に閉じ込めることにこそ問題の元凶があるのではないか。

農協法の第一条では、「農業生産力の増進及び農業者の経済的社会的地位の向上」を農協組織の目的と規定している。ここでいう前段の農業生産力の増進とはいかにも古びた表現であるが、このフレーズ全体を農業振興と置き換えれば、農業振興には何が重要となるかである。

そこで筆者は、農業に対する新たしい概念規定として、農業の基本価値という考え方を提唱したい。

農業は他の産業とは違って、人々の命を支える生命産業であるところから、人間社会に多くの影響を及ぼし、また様々な効用をもたらす存在でもある。このような、人間社会に多くの影響を及ぼし、また様々な効用をもたらす内容は、農業が持つ基本価値という言い方をすることができる。

農業が持っている「農業の基本価値」については、すでに経済学者である大内力東京大学名誉教授（一九一八〜二〇〇九年）によって、①食料の安定的な供給、②安全な食料の生産、③自然環境の保全、④社会環境の保全の四つの内容が唱えられている。

農業は、こうした農業の基本価値を有する産業なのであり、自らが持つこのような農業の基本価値を実現することで、産業としての社会的もしくは経済的な使命（ミッション）を果たすことができる。

このような観点から農業を考えると、農業振興への理解が従来とはよほど違ったものになってくる。

そのもっとも大きな違いは、農業振興が一人生産者ばかりではなく、消費者を含めた広く国民的な関心事となり、またそれらの人々が力を合わせて取り組まなければならない課題となってくることである。

ここでは、農業振興を一人農業者だけのものとしないことの説明として農業の基本価値という概念を用いているが、これ以外にどのような考えがあっても差し支えはない。このことについては、むしろ特定の概念にとらわれず広く議論されるべきである。(注)

注　大内教授は農業の基本価値を四つに絞ったことについて、とりあえず1988年開催の第二九回ICAストックホルム大会でのマルコス報告（協同組合の基本的価値として四つを掲げたこと～「参加」「民主主義」「誠実」「他人への配慮」）に倣ったものと述べている。また同時に、日本の農政は農業の基本価値のうち、食料の安定供給に偏り過ぎると指摘している。

これを農協に置き換えれば、農協は助け合いの原理を持つ協同組合として農業が持つ基本価値の実現に取り組むということであり、同時にそれは、准組合員とともに力を合わせて農業振興に取り組むことが重要なことを意味する。

農協が自らの経営理念を農業振興と農業の基本価値の実現と規定すれば、正准ともにその目的の実現に取り組むことが可能となり、農協の准組合員存在の理由を農業振興のためとすることで、その正当性が保障されることになるのである。

それどころか、准組合員の存在理由を農業振興のためと規定すれば、いま足止めを食らっている准組合員の加入推進を再開することもできる。

筆者はかつて、ＴＰＰ反対集会で、『ＴＰＰ亡国論』集英社新書（二〇一一年）を著した経済学者の中野剛志氏がその危険性を講演したことに対して、生産者に近いと思われる人が意見を述べ、「それは評論家の意見であり、反対運動の矢面に立っているのはわれわれだ」という、水を差すような発言があったことを思い出す。

これなどは、農業問題を農業者だけのものと認識する偏狭な意見であり、生産者自身の意識改革が求められている。

それぞれの企業なり産業が生き残っていくには、既存の価値観の転換が重要になる。よく指摘されるように、かつてアメリカの鉄道産業が衰退したのは、自らの会社の使命を輸送事業と認識していなかったことに原因があると言われる。

自らの組織の使命を鉄道業だけでなく輸送事業にあると認識すれば、鉄道に限らずその後に発展した自動車や航空機業界にその発展の活路を見出すことができたというのである。

これは経営学で言う、企業ないし産業のドメイン（活動・事業領域）の重要性を説いたものである。セオドア・レビット『近視眼的マーケティング』（一九六〇年）ハーバード・ビジネス・レビュー。

この教訓をもとに考えれば、わが国の農業も生産に携わる農業者だけのものではなく、農業の基本的価値実現を目指した産業と捉えれば、これまでとは違った農業発展の契機を掴むことができるのではないだろうか。

すでに農水省は、二〇年も前から従来の「農業基本法」から「食料・農業・農村基本法」に政策の衣替えをしている。農協も、農業問題を単に生産者だけの問題とするのではなく、国民的課題として取り組むという視点を持ち、これを実行することが求められている。

後に述べるように、准組合員問題はこうした認識の一環として考えるべきものであり、今後の准組合員対策には、農業振興と農協の新たな役割発揮について、絶好の機会が提供・期待されていると考えるべきである。

また近年注目されているＳＤＧｓ（持続可能な開発目標）の実現にとっても、農業が持つ基本的価値という認識を持つことで、農業・農協の果たす役割がより明確になるという点で、極めて重要な意義を持つものと考えられる。

なお、農業の基本価値に関連して、似たような概念として、従来から述べられている農業・農村が持つ農業の多面的機能がある。

この農業の多面的機能については、農水省や農協などの農業分野の権益保持の考え方を示すものと受け止められやすい一面があるが、ここで述べる農業の基本価値は、広く国民的視点から農業の重要性を説くものである。

農業の多面的機能の発揮とは、主に農業者の対場からのメッセージの発信であり、こうした機能は、専ら農業及び農業者によって果たされるという前提に立っている。だから、農業・農業者は重要なのだと言う。

農水省がこうした定義を唱えていることは、それ自体は意義あることではあるが、一方で、農水省自体も自らの省益を含め、農業は農業生産者だけのものであるという偏狭な職能意識に立っていると世間に誤解を与えかねない。

農業は国民経済に対して、こうした生産者目線の機能を果たしているだけではなく、もっと広く国民経済に対して、食料の安定・安全供給、自然環境・社会環境の保全という不可欠な農業の基本価値を持っている存在なのである。言い換えれば、農業は農業者だけのものではなく広く国民全体のものなのである。(注1〜4)

注1　農業・農村の有する多面的機能とは、「国土の保全、水源の涵養《かんよう》、自然環境の保全、良好な景観の形成、文化の伝承等、農村で農業生産活動が行われることにより生ずる食料その他の農産物の供給機能以外の多面にわたる機能」をいう(農水省)。

注2　大内教授は、自著『農業の基本価値』創森社(二〇〇八年)の中で、「私は狭い意味で農業や農民の利害関係を代弁するつもりはない。今はあらゆる既存の価値体系が問い直されなければならない時代だ。

一人でも多くの国民が農林業の価値とその保全の重要性について、またそれを強め、活性化していくための方策について、より深い認識と理解を持つことが、今の危機的状況に対処するために不可欠である」と述べている。

この指摘は、都市化地帯の農協における准組合員対策を考えるにあたって、われわれに多くの示唆を与えてくれる。都市化地帯で農業生産のウェイトが少ない農協にあっても、多く存在する准組合員にとって、農業問題は主に食の安全・安定供給の面から大きな関心事であり、農協はこの面から准組合員に対して農業支援の取り組みを訴えていくべきである。

農業生産のウェイトが少ない農協にあっては、農産物の直販について農協間協同を進める道がある。

注3　農業振興に農業の基本価値の実現という概念を加えることで、農協法の第一条の農協の目的規定を改正することが必要になるかどうかについては、改正提案を行うことで議論することに意義を求めることも考えられるが、あえてその必要はなく、解釈で足りると考えられる。

注4　また、農協が行う信用（農業貸出しを除く）・共済事業などの直接農業生産に関わらない事業についても、農協の目的に農業の基本価値の実現という概念が入れば、よほど広い事業概念として考えることができる。
農協の各事業は、農業振興を生産者だけに限定して狭く解釈するのではなく、広く農業の基本価値の実現のために行うものと捉えて取り組んでいくことが重要である。

（図）新たな農協の経営理念

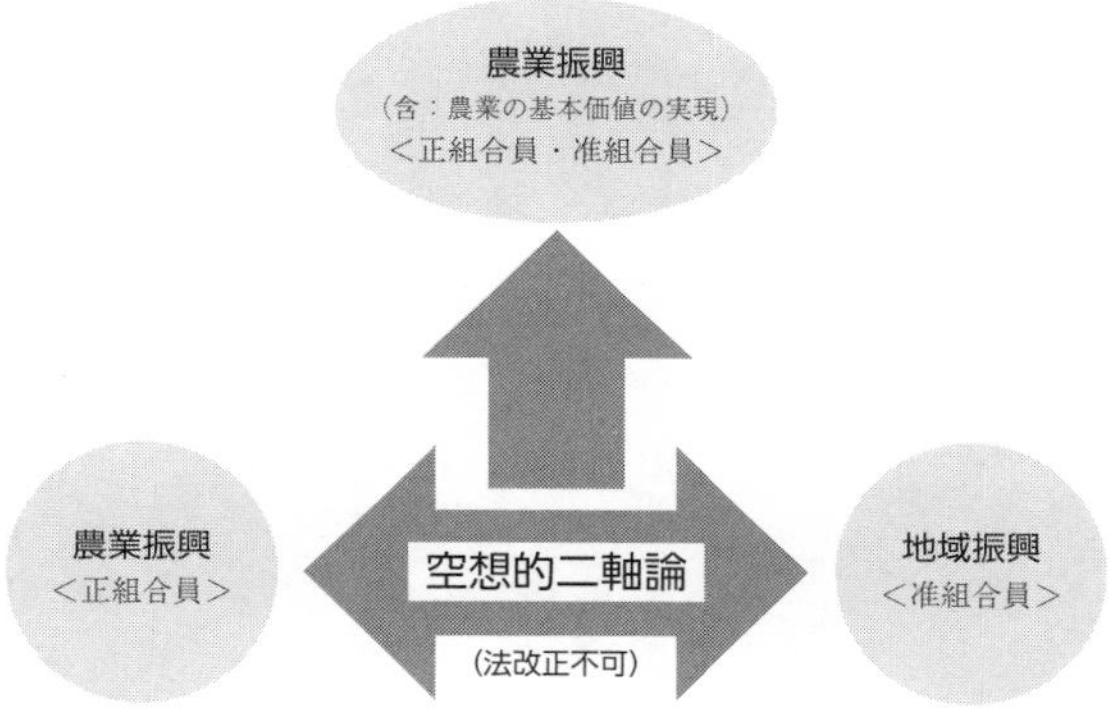

注）筆者作成

（2）新たな農協理念の確立と農協運動

前述したように、農協法第一条の農協の目的規定を農業振興と置き換えれば、農業振興には、そのことを可能にする農業の基本価値の実現が重要な要素となる。このように考えると、農協法の目的を果たす農協の役割は、「農業の基本価値の実現（産業としての使命の実現）を含む農業振興」ということになる。

それは、新しい農協の経営理念を「農業振興と農業の基本価値の実現」と明確にすることに他ならない（図）。従来の農協論は職能組合論と地域組合論のはざまで、それぞれが良いとこ取りの議論を展開してきたが、もうそのような議論は卒業すべきではないかというのが筆者の結論である。

農協は、これまでのような職能組合論や地域組合論のような制度論からは距離を置き、環境変化にどのように対応していくか、いわば自分のことは自分で考えるという自立した農協の運営姿勢の確立こそが重要と思われる。それは、これまでの農協論からの大転換を意味している。やや大げさに言えば、戦後農協論の総決算と言ってもいい（注）。

注　農協運営の拠り所になっている「JA綱領」（一九九七年制定）は、合併農協の経営理念を明らかにすべく、一九九五年のICA協同組合原則改定を受けて策定されたものである。農協研究者の中では、この綱領を農協が自らを地域組合と宣言したものと解釈する者が多い。他方、綱領は、農協役員の意見を集約するという作業に基づいて作成されたもので、必ずしも理論的整理のもとに行われたものではない。農協では、「JA綱領」は絶対視され、神棚におかれる存在であるが、JAの経営理念はどうあるべきか、時代の変遷に合わせタブー視しないで積極的な議論を巻き起こすべきであろう。ちなみに、後述するように、「綱領」の前文で謳われているICAの「九五年原則」は、従来の例に倣えば二〇二四年に改定期を迎える。

これまでの地域組合論の根底には、前述したように、総合農協の維持や農協運営が営農・経済事業に特化することによる経営の行き詰まりへの恐怖感の排除があるが、今後は、正組合員と准組合員が、「農業振興と農業の基本価値の実現」という目的を一つにして農協運動に取り組むことで、かえって、総合農協の発展や農協経営の安定につながると思えるのである。

なお、農協の理念について、従来から、「食と農の協同組合」という言い方もあるが、それより硬い表現になるものの、「農業の基本価値の実現」の方が、はるかに広く深い意味を持つことになる。

こうした農業振興の新たな概念規定は、農協が、農業生産力の増進や農業者の直接的な利益だけを体現するという偏狭な職能組合論に立つのでもなく、また農業者だけでなく地域住民の利益を体現していくものだとする漠然とした地域組合論でもない、国民に開かれた新たな農協運動に道を開くことにつながっていくことにもなろう。

ちなみに、地域組合論者は見方を変えれば、半面でその裏返しとしての偏狭な職能組合論に立っているものと言ってよく、それゆえに農協法の目的を農業振興だけでなく地域振興にあると主張していると思われる。

農業は農業生産者だけのものでなく、農業生産を通じて、食に対しても、自然環境の保全や社会環境の保全にも貢献する産業なのであり、農協は農業の基本価値の実現を含む農業振興のために取り組みを行い、農業が持つ産業としての社会的・経済的使命を果たしていくべきである。

また、新たな農協の経営理念の確立は、農協改革の最大の課題である准組合員対策の確立にとっても有効なものとなるだろう。

准組合員問題は、これまでの農協運動の矛盾が凝縮したもので、それゆえ、この問題は、農協運営の基本である農協の経営理念の問題に遡ることになるのであるが、新たな農協の経営理念の確立は、准組合員問題を解決する現実的な手立てになると考えられる。

准組合員対策については、第四章の2で詳しく述べるが、とりあえず次のことだけを述べておきたい。

そのポイントは、農協が農業振興とともに、農業の基本価値の実現をはかるという目標を掲げることになれば、それが正組合員だけではなく、准組合員を含めた組合員共通の目標となることということである。

今後の准組合員対策は、正准組合員が共有できる経営理念を持つことが肝で、正組合員と准組合員が、それぞれで異なる目的を持っていては対策にならない。

この点、正組合員と准組合員が異なる目的を持つとする、従来の地域組合論（二軸論）では、准組合員問題の解決は不可能なのであり、農協の准組合員問題は、正組合員と准組合員が、前者が農業振興の主役、後者がサポート役という立場の違いはあるものの、農業振興、農業の基本価値の実現という同じ目的を共有することで、初めて解決策を見出すことができるであろう。

後に述べるように、准組合員問題は、今後農水省が提案した「准組合員の意思反映」をキーワードに対策が進められることになるが、その際、准組合員の「どのような意思」を「どのような方法」で農協に意志反映するのかが問題となる。

このうち、「どのような意思」を農協に反映するかがとりわけ重要となる。これまで農協は、准組合員の意思反映については必ずしもその内容を明らかにしていないが、その内容は今後、「農業振興や農業の基本価値の実現についての准組合員の意思反映」に絞っていくべきものではないかと思われる。

なぜなら、准組合員が農業振興や農業の基本価値実現以外の意思反映を農協に対して行っていけば、農協は農協ではなくなってしまうからである。

また同時に、農協を農業の基本価値の実現を含む農業振興のための存在と明確にすることで、農協は農水省とも共通の土俵で議論することができ、行政とともに農協運動を国民に開かれた運動として展開していくことが可能となるのではないかとも思う。

農水省も、やみくもに准組合員を農協の外に追いやり、農協の組織基盤を弱くすることは望んではいないであろう。

農協は新たな経営理念を確立することによって、組合員とともに、自らの立ち位置を明確にすることで、農水省に対しても対等に議論を行い、また広く超党派の政治勢力を結集することができると考えられるのである。

とくに農水省は、すでに食料・農業・農村基本法を制定し、農業だけでなく食料や農村にウイングを広げていることを考えれば、多くの点で議論を一致させることができるのではないかと思われる。際限のない農産物貿易自由化の中で、せめて農水省は、農協の准組合員を農業振興の貢献者として認知し、農業・農村破壊の防波堤にしてもらいたいものである。

この点に関し、農協法改正時に農水省の事務次官を務めた皆川芳嗣氏は、「自己改革で農家の所得向上を目指すのはもちろんだが、農協は総合事業体としてサービスを提供し、地域住民である准組合員とともに歩む道を選択したのだから、農福連携や農泊を含め、地域の課題にも目を向けて欲しい。農を通じて、地域で農業に関わる様々な主体を結び付け、地域を維持・発展させる存在になって欲しい」と述べている。（二〇二一年七月三一日付け日本農業新聞）。

この発言は、農協が持つ地域への役割の重要性を述べたものであるが、それはあくまでも、農を通じての役割発揮であり、ここでいう農業の基本価値が念頭に置かれているかどうかは伺い知れないが、少なくとも農協が進める二軸論に基づく地域への役割発揮を意味してはいないことだけは確かであろう。

農業の基本価値の実現には、その多くを農産物貿易における国境措置や農業振興のための政府補助金など公助に頼るものも多いが、とりわけ、協同組合（農協）は共助の力を発揮して、その役割を果たしていくべきである。

(3) 取り組み課題

農業の基本価値の実現と、農協の取り組み課題について整理すれば、（表）のようになり、従来の農業振興の概念に加えて、新たな概念として取り組むことになる。その内容は、農協が農業の基本価値の実現に向けての取り組み課題を明確にして、これを農協運動として展開し、新たな協同組合ビジネスモデルを構築していくことを意味している。

いま農水省ではＳＤＧｓの流れをくみ、持続可能な

（表）農業の基本価値と農協の取り組み課題（例）

農業の基本価値	農協の取り組み課題
①食料の安定的な供給	農業生産の増強、農業所得の確保、自給率の向上
②安全な食料の生産	有機農業の推進、国産農産品の愛用、種子の公共管理
③自然環境の保全	ＳＤＧｓの推進、循環型エネルギーへの転換、「みどり戦略」の推進
④社会環境の保全	農と住調和のまちづくり、農福連携（障害・高齢者）対策の推進

注）筆者作成。この表は、農業の基本価値についての枠組みと農協の取り組み事例をまとめたものである。その内容は、農協や地域の実情をもとに様々に考えられていい。

環境保全型農業の推進として「みどりの食料システム戦略」を進めようとしている。この取り組みに対して農協は、農業生産者の立場からは当然として、広く農業の基本価値の実現の一環として取り組んでいくことが重要である。

否、農業生産者だけでなく農業の基本価値の実現の観点から取り組まなければその実現は不可能である。「みどり戦略」は、農産物に関する資材の調達、生産、加工・流通、販売を通じた一貫システムとして構想されている。したがってその実現には、農業生産者だけでなく農業の基本価値の実現として捉え、消費者を含めた広範な人々の協力を求める必要がある。

まして農協には、准組合員という身近な存在がいる。「みどり戦略」などは正准組合員が一体となって取り組む格好の農業振興の課題であろう。農協が、准組合員を本当の意味で味方につけるには、農業振興という共通目的を持たなければならない。

また、同戦略は、学校給食における有機農産物（とくに有機米）の全面利用、生協との提携、さらには有機による飼料米の生産（ＪＡ東とくしまの取り組み）等の具体的な協同組合ビジネスモデルの確立として取り組んでいくことが重要である。

一時代前までは、「環境では飯が食えない」と言われたものだが、今や環境保全こそが、あらゆる企業活動のスピリットになっている。「みどり戦略」は、放置すれば環境省に縄張りを取られかねないという農水省の省益のにおいが強い感もあるが、一方で、農業問題が環境問題と深いかかわりを持つことについての、農水省の自覚の現れといえる。

農業の基本価値の実現については、農協が取り組む農福連携の活動についても、同様に考えることができる。この活動も生産者だけでなく、農業の基本価値の実現として、身近な准組合員をはじめ、広く関係者の協力なくして取り組むことはできない。

さらに、農業生産の増強・農業所得の確保について言えば、農協はプロダクトアウトならぬマーケットインなどという周回遅れの対策もさることながら、農業生産体制構築のため、自ら生産段階への関与を強めるべきであろう。いま地域の農業事情は、農協が自ら生産対策に乗り出さざるを得ないほどひっ迫している。

それは、全中OBの今川直人氏が言う、プロダクトアウトならぬプロダクトインへの戦略展開である。また、JA常陸（茨城県）の秋山豊代表理事組合長も、農協が地球温暖化防止に取り組むとともに、農家の農業生産の代行（耕作未利用地の生産代行と新たな担い手への経営移譲）など生産段階に直接関わっていくことの重要性を訴え、実行している（「第二九回JA全国大会への提言」農業協同組合新聞二〇二一年一一月一〇日号）。

これまでの農協の取り組みを見ても、かつての営農団地構想から地域営農集団、集落営農さらには農業生産法人へと変遷しているように、個人から集団もしくは法人化の方向に向かっている。農業問題はすぐれて農業経営の問題でもあり、まして農協が行う営農指導は、自ら農業経営を行わなければ本当のことはわからない。

農協が行ってもむずかしい農業経営を農家の自主的取り組みを理由に農家まかせにして、自ら取り組まないのはどうしたことか。

出向く営農程度のことでは、農業経営の確立は難しい。法人化と言っても農業は家族農業が基本であることには変わりがないが、そのためには、一定の所得獲得が前提で、営農技術の習得や担い手の育成などのためにも、農協は自ら生産段階への取り組みを強化すべきである。これまでのような、担い手担当部署の設置などの形づくりばかりの言い訳対策はほとんど意味がない。

農協出資の農業生産法人の設立（出資のみでない主体的な経営参加〜全国一，〇〇〇農場構想の実現）などにより、新たな生産・販売ルートの開発や環境保全型農業、ＡＩやスマート農業などの観点を取り入れた営農体制の確立に、自ら率先して手本を示すべきである。

また、行政の全面支援を得た国営農場ならぬ、農協とオール全国連（全農・共済連・農林中金）共同出資のモデル農場の全国展開や、あらゆる生産資材の物流を全国で一本化する協同会社（農協出資の子会社・ロジスティックカンパニー）の設立なども検討すべき有力な対策であろう。

農業問題は、協同組合誕生以前から存在する人間社会にとって根源的な問題でもある。したがって、農協は協同組合として自らの組織維持の観点ばかりではなく、助け合いの原理に基づく組織の本来的な機能を発揮して、農業問題の解決に貢献すべきと思う。

以上のことから教訓として導き出されるのは、「新たな農協の経営理念の確立」と「国民に開かれた農協運動」である。ここではそれを、「教訓二」、「教訓三」としたい。

5 農協論の限界（止揚すべき職能組合論と地域組合論）

(1) 制度論としての農協論

さらに、中央会制度廃止の理由には、農協論が現実の農協経営の中で血肉となってこなかったことがあげられる。翻って見れば、これまでの農協論の特徴は、その本質であるべき協同組合経営論ではなく、制度論とし展開されてきたことが特徴である。

それは、これまで述べてきたように、農協が法制度によって守られて来たことによるもので、農協論もその例外ではなかった。その典型は、いわゆる職能組合論と地域組合論である。

古く、職能組合論は、佐伯尚美著『農協改革』家の光協会（一九九三年）によって、地域組合論は鈴木博著『農協の准組合員問題』全国協同出版社（一九八三年）によって主張された。ちなみに、両者はいずれも、かつて農林中央金庫調査部に籍を置いていた。

協同組合は、ゲマインシャフト（共同体）とゲゼルシャフト（機能体）が統合された、ゲノッセンシャフトとして説明されるが、このうち、職能組合論は協同組合の機能体の側面を、地域組合論は共同体の側面から農協を説明したものと考えられる。

こうした、職能組合論と地域組合論の中間に位置し、地域組合論に軸足を置いたのが藤谷築次編著『農協運動の展開方向を問う』家の光協会（一九九七年）であり、職能組合論に軸足を置いたのが大田原髙昭編著『明日の農協』農文協（一九八六年）であった。

この他、一時、全中と（財団法人）協同組合経営研究所に籍を置いた河野直践元茨城大学教授は、制度論とは距離を置く、『産消混合型協同組合』日本経済評論社（一九九八年）で生産・消費一体の協同組合を主張した。

筆者の考えはそれに近いが、筆者はそうした協同組合は架空のものではなく、農協の中で可能となるのではと考えている。

こうした制度論としての農協論は、主に農協組織のあるべき論について述べており、協同組合経営論としてのアプローチ意識は少なかった。農協を組織経営学の視点から述べたものには、宮島三男著『新農協論講話』全国協同出版社（一九九三年）と、その流れをくむ有賀文昭著『農協経営の論理〜その土着的安定性』日本経済評論社（一九七八年）などがあるが、必ずしも本流とはならなかった。

また、経営学を農協の経営戦略論として展開した柳在相監修・ＪＡ経営戦略研究会『非営利組織の経営戦略』中央経済社（二〇〇四年）があり、その他農協の経営に関する実務的な研究は数多くある。

職能組合論と地域組合論の論争は、その後信用・共済事業の取り扱いの増大で、農協の経営基盤が強化されたことにより、地域組合論圧勝のうちに勝負は決まったかのように思えた。

だが、今回規制改革会議が准組合員の事業利用規制を打ち出してきたことによって、にわかに雲行きが怪しくなってきた。

農協組織のドメイン（活動領域）は、法制度によって固く守られているのが強みであるが、半面でその存在は、法制度の変更（運用を含む）によって大きな影響を受ける。准組合員の事業利用規制などはその典型的事例であった。

筆者によれば、准組合員の事業利用規制問題の提起によって、従来の地域組合論は根底から見直しが迫られていると思っており、それは何も空想的なものではない。

「まえがき」でも述べたように、これからの農協運動の方向を考える場合、その出発点は、准組合員の事業利用規制か中央会制度の廃止かの二者択一の提案の中で、農協陣営が中央会制度の廃止の道を選んだのは、地域組合論（二軸論）に基づくこれまでの准組合員対策に問題があったと認識していたであろうという事実（fact）にあると考えるべきではないのかと思う。

こうした制度問題でもある准組合員問題について、農協陣営（とくに全中）及びそのブレーン（多くの農協論学者）は、農協法の目的を、農業振興と地域振興の二つにすべきという地域組合論（二軸論）を押し立てて対抗してきているが、制度論としての地域組合論でその解決をはかることは、難しいと考えるべきであろう。

現に、制度論では、政府と農協陣営の議論はかみ合わず、すれ違ったままの状態にある。このことに関して、藤谷築次京都大学名誉教授の流れを汲み、これまで農協界における地域組合論の旗頭として議論を牽引してきた増田佳昭立命館大学招聘教授は、「基本的には農業という職能的目的を前面に推したて、農協を農業者の協同組合として純化させ、ＪＡの総合事業から信用事業を分離して本体の経済農協化あるいは専門農協化を進めようとする」行政のやり方に、「引き算の法改正に未来はあるか」として警鐘を鳴らしている。増田佳昭編著『制度環境の変化と農協の未来像』昭和堂（二〇二一年）。

だが、職能組合論が依拠する農業は、もともと農業に関わる利害関係者だけのものではなく、生命産業としての基本価値とその社会的・経済的使命を持っており、それほど脆弱なものではない。(注)

注　二〇一〇（平成二二）年度におけるわが国の第一次産業（農林漁業）の国内生産額は、一一兆一千億円となっているが、第二次産業（関連製造業）と第三次産業（流通業・飲食店）を含めた農業・食料関連産業の国内生産額は九四兆三千億円となり、国内生産額全体（九〇五兆六千億円）の一割を占めている（農水省）。この数字は、農業・食料関連産業のものであり、農業が持つ自然環境の保全や社会環境の保全機能関連を含めれば、その額はさらに大きなものとなる。

筆者はむしろ、農業が持つ普遍的な価値と、これからの豊かな可能性を信じ、増田教授が心配される総合農協からの引き算という発想ではなく、農業というアドバンテージを生かして、農業からの足し算、もしくは掛け算によって、新しい現代の農協論（協同組合論）を構築していくべきではないかと考えている。また、そのことで農水省とも問題意識が共有でき、また世間一般にも説得力を持つものと考えられる。結果としてそれが、総合農協を守ることにもつながっていく。

とくに、農協の一，〇〇〇万人を超える正准組合員が、それぞれの役割分担・機能発揮のもとで、一丸となって農業振興に取り組むことになれば、農協は抜群の存在感を世間に与えることになろう。

この点、水谷成吾著『農協を変える真の改革 ～そこに協同はあるか?･農業はあるか?･』全国共同出版社（二〇一九年）のように、農協組織のしがらみから遠い存在の人がむしろ的を射た主張を行っているように思える。ここでのテーマは、副題にあるように「協同組合」と「農業」である。著者は、有限責任監査法人トーマツで農協の経営指導を行っている。

制度論に立った農協論が支配的であったことからか、日本協同組合学会等でも、農協改革について、本格的に議論をたたかわす場面は少なかったように思われる。

折しも、二〇二一年秋季の日本協同組合学会のテーマは、四〇年以上も前の「レイドロー報告」〈一九八〇年第二七回ＩＣＡ（国際協同組合同盟）モスクワ大会決議「西暦２０００年における協同組合」〉であった。戦後の農協運動を牽引してきた中央会制度の廃止の総括については、協同組合陣営として当面する最大のテーマと思われるのだが、学会にそれを取り上げる気配はない。

農協の中央会制度というのはそれほど軽い存在であったのか、この問題は農協のみならず、今後の日本の協同組合運動全体にとってわれわれに多くの影響・示唆・教訓を与えているように筆者には思える。

現在の協同組合原則である「九五年原則」は、その第七原則として「地域社会への係わり」を掲げたが、その伏線になったのが「レイドロー報告」である。農協ではこの原則改定を踏まえ、「地域への貢献」が大会議案等でも盛んに用いられることになった。

一方で、このレイドロー報告による地域貢献の重要性は、日本の総合農協がモデルとされており、わが国の農協論学者の多くの人たちによって、総合農協こそが協同組合の理想像と言わんばかりの主張が行われている。

だが、考えてみればレイドロー博士が指摘する協同組合と地域社会とのかかわりは、協同組合にとってはむしろ当然のことであって、およそ地域にかかわりのない協同組合など存在する訳がない。

また、協同組合が地域社会への貢献を行うにあたって総合的に事業を行うことは意義あることであるとしても、そのことをもって日本の農協が地域組合（二軸）論に基づく組織であるべきと主張するには、飛躍があるというべきであろう。

筆者は、「レイドロー報告」の斬新さは、むしろ協同組合が取り組む分野として、①世界の飢えをみたす協同組合、②生産的労働のための協同組合、③社会の保護者を目指す協同組合、④協同組合地域社会の建設、の四つの優先分野を特定し、その分野における目標を設定しようと試みたことにあると思っている。

いま、国連では持続可能な開発目標として、SDGｓの取り組みが進められているが、その中では、一七のゴールと一六九のターゲットが示されている。レイドロー博士は、すでに四〇年以上も前に、協同組合が取り組む分野を特定し、その目標設定までをも視野に入れていていたのではないかという点で、国連が提唱するSDGｓの取り組みの先駆的業績をもたらしたのではないかというのが筆者の見方である。

協同組合陣営は、地域との関係性を深めていくことは当然として、レイドロー博士の遺志を引き継ぎ、SDGｓに対して協同組合として取り組むべき主な分野と目標を明確にしていくべきであろう。

「みどり戦略」は、SDGｓの農業分野における政府としての取り組みであり、農協は「みどり戦略」

の実践を通じて、協同組合としてＳＤＧｓに対する取り組みの分野と目標を明確にしていくべきと思う。
今の日本の協同組合で取り組むべき課題は、学会等でも認識されているように、二〇二四年に迫っているＩＣＡの協同組合原則の改定に向けた議論の活発化であろう。(注)
次回のＩＣＡ原則の改定で議論される主要テーマは、レイドロー報告やその後の議論で詰め切れなかった協同組合共通の目的、及びＳＤＧｓの提起を受けた協同組合共通の取り組み分野になると思われるがどうであろうか。

注　これまでＩＣＡの協同組合原則は二九年ごとに改定されており、その例に倣えば一九九五年の第三一回マンチェスター大会での「九五年原則」に続いて、二〇二四年には原則の改定期を迎えることになる。今回の日本における政府主導の農協改悪について、ＩＣＡは反対・支援のエールを送ったが、これに対して全中・ＪＣＡ（日本協同組合連携機構）は、中央会制度の廃止の教訓をどのように議論に生かしていくのであろうか。

(2) 整促七原則

これまでの農協経営は、協同組合の経営学的視点から検証されて来たわけではなく、専ら制度によって守られてきた。主に中央会制度によって農協の経営指導が保障され、そのことで農協経営は守られてきた。そして、中央会の経営指導を完璧な形でフォローしたのが、いわゆる「整促七原則」であった。

整促七原則とは、農協連合会（経済連）の赤字解消対策として考えられた、農協における①予約注文、②無条件委託、③全利用、④計画取引、⑤共同計算、⑥実費主義、⑦現金決済などの事業方式のことを言う。中央会の任務は経営不振対策としての農協の経営指導であり、その経営改善の具体的方策として「整促七原則」が提唱・推進されたのである。

農協に対する経営指導の必要性から生まれた中央会制度の創設と「整促七原則」はまさしく一体のものであり、この原則は中央会の経営指導の中心に置かれて徹底された。後にこの事業方式は、経済事業にとどまらず、系統農協を通ずる事業方式として普遍化され、戦後農協事業拡大の大きな力になっていく（注）。

経済事業以外では、共済事業における割り当て推進（全利用）などがその典型であり、この事業方式は、経営学的観点から見ても最強の事業推進方法と言われる。

注　連合会の再建整備にかかる「農林漁業団体連合会整備促進法」の成立とそれに伴う「農林漁業組合連合会整備促進法の施行について」〈昭和二八年九月一六日農林省事務次官通達〉では、個々の連合会の整備計画について、「農林漁業組合連合会整備促進審議会」において決定すると通達された。

この通達を踏まえて、全指連、全販連、全購連、全国組合金融協会、農林中央金庫、農林省から出ている審議専門委員と各関係機関役職員が討議して「農林漁業組合連合会整備計画の審議方針」（昭和二八年九月二八日）が策定された。その趣旨の解説としてまとめられた「事業連整備促進における組合の役割」（昭和二九年三月一日）のなかで無条件委託（販売）、系統全利用、計画購買など後に整促七原則と呼ばれる事業方式が議論されている。

その後、この審議方針に基づいて、「購買事業体制の確立～購買事業の計画化」（昭和二八年一二月一八日）及び「販売事業体制の確立〜販売事業の計画化」（昭和二九年三月二〇日）などが決められ、整備促進が進められていく。以上の経過を見れば、「整促七原則」は実質的に農林省の事務次官通達と言っていいものである。『農業協同組合制度史　第五巻（資料編Ⅱ）』財団法人協同組合経営研究所（一九六九年）。

整促七原則は目的が連合会の赤字解消対策として打ち出されてきただけに誠にわかりやすいものだった。それは、一言でいえば、連合会は農協や組合員のためのものであり、一切の経営責任を負わないというものであった。

農協や組合員は系統を全利用せよ、農産物の販売は無条件でこれを農協に委託し、価格は市場の建値に任せよ、必要な購買品は予約せよ、代金はすべて現金決済にせよ、販売代金はある一定期間の共同計算にせよ、連合会はかかった実費だけを頂く、といった具合である。

こうした経営について一切のリスクを負わない整促事業方式は、当初は連合会（経済連の）赤字解消のためのものであったが、その後単位農協にも、また経済事業に限らずすべての農協事業にも適用されることになった。

これは一方で、農協は組合員によって運営されているのだから、経営責任はない、もしくはとらなくても良いといったような経営感覚を生みだすことになり、放漫経営の素地ともなっていった。

この事業方式は、当時の中央会監査の監査基準としても活用され、とくに「系統利用率の向上」はお決まりの監査意見となり、「協同組合原則」などよりは、よほど強い影響力を農協の運営に及ぼすこととなった。今でもその内容は、農協関係者の心の中に深く刻まれている。

農協法第一条の改正（二〇〇一年）以来行政によって進められた農協改革において、農水省が「経済事業のあり方についての検討方向について」（二〇〇五年）で、真っ先に手掛けたのが整促七原則の否定であったことにははっきりした理由があり、この原則（農協・連合会の組織維持優先・リスク排除の運営原則）のもとでは農業振興は無理だと判断したからに他ならない。

この報告書では、整促七原則について、①リスク意識のない経営感覚の蔓延、②高コストでも系統から漫然と購入、③同じ経済事業でも全農は黒字で農協は赤字、④担い手の農協離れなどが厳しく糾弾された。

いずれにしても、戦後の農協経営は、行政による中央会制度とそれに続く整促七原則によって推進されたのであり、そこには、本来農協運営に必要とされる、協同組合経営の実践・検証と言った作業が入り込む余地は少なかったのである。

（3）経営論の不在

農協改革において、その象徴的な准組合員問題について、農協は制度問題として対処しようとしており、多くの農協研究者はこの考えにしたがって、これを農協経営論ではなく、制度論として支援している。

准組合員制度は与えられたものであり、これは当然の権利というのが議論の前提になっている。一方で、これを農協の経営理念という側面から見ると、制度論に基づく農協の経営理念は、全中が提唱する「農業振興」と「地域振興」の二つということになる。

しかし、この二軸論に基づく農協の経営理念は、農協にとっては好都合かもしれないが、周囲から見て極めてわかりにくいし、第一に、この考えでは准組合員問題を解決することはできない。

そこで制度論に基づかない新たな経営理念を考えていくことが必要になる。制度論に基づかない新たな経営理念とは、すでに述べたように農業は自ら産業としての基本価値を持っており、農業振興にはこの基本価値の実現が含まれるという認識のもとでの経営理念のことである。

制度論の典型は、職能組合論と地域組合論であるが、そのいずれもが農業振興を農業者だけのものとする考えに立っており、こうした認識からの脱却が求められている。

以上のことを言い換えれば、農協は、准組合員問題を制度論だけではなく、優れて経営論として位置付けて対策を講ずべきと思う。

二〇二一年六月の政府による規制改革実施計画では、農協のＰＤＣＡを農水省が指導・監督することになった。自らのＰＤＣＡが行政の指導・監督のもとにおかれたことは、農協にとって屈辱的なことと思われるが、そのこととは別に、農協が新たな経営理念のもとに、組合員参加の協同組合らしいＰＤＣＡをどのように構築していくのかは、今後の農協経営論の中心的課題とされなければならない。

なかでも、集中集権的な管理を特徴とする信用・共済・購買事業とボトムアップの管理（分権管理）が求められる販売事業が同居する農協のＰＤＣＡをどのような組織単位（農協の本・支店、連合組織）で回していくかは農協経営にとって大きな課題である。

さらに、協同組合経営の実践・検証が行われてこなかったことの事例は、農協改革における中央会監査のはく奪に見ることができる。今回の法改正によって中央会の根幹の事業として行ってきた監査事業がはく奪され、会計士監査に置き換わった。

中央会の監査事業は、戦前の産業組合以来およそ一〇〇年続く産業組合・農協の協同組合監査制度であったが、今回の農協法改正で、他業態とのイコールフッティングの考えのもと、実にあっさりと廃止になった。

ここでも、中央会監査廃止の原因の多くが、農協関係者の協同組合論もしくは協同組合経営論についての認識の甘さにあったと言える。協同組合監査から会計士監査移行への提案について、農協陣営は、「中央会監査は会計士監査と違って業務監査（経営指導）を伴うものである」と反論した。

しかし、この反論は監査の方法に違いを見出すもので、有効なものとはならなかった。議論の中で、「会計士監査は、業務監査と一線を画することに優位性がある」と返されてしまったのである。

実は、この反論のポイントは、監査の合目的性、つまり会計士監査が、「不特定多数の顧客を対象とする上場会社が、投資家の投資判断の材料を提供するために行われる」のに対して、中央会監査は、農協が、「会員たる組合員へのサービス提供を、民主的な組合員参加のもとにいかに健全に行っているかを証明するために行われる」という違いを主張することにあった。つまり株式会社とは違う、協同組合・農協の組織存在の独自理念（目的）の違いを争点にすべきだったのである。

この点について、全中の冨士重夫専務理事（当時）は、二〇一四年一一月に農協の自己改革案が発表された後の記者会見で、「全中の監査は組合員や地域住民にのみ経営の健全性を説明するものであって、投資家向けに財務諸表の適正性を評価する公認会計士監査とは性格が異なる（前掲飯田康道著『JA解体』）と正論を述べた。

しかし、こうした主張も、自民党に解決のすべてを任せた状況のなかでは、最終的に取り入れられることはなかった。

また、その主張を展開するにあたっても、農協陣営は決め手を欠いた。それは、その目的の違いを担保する監査基準について、中央会は独自の協同組合監査基準というべきものを持ち合わせておらず、基本的には監査基準は公認会計士監査基準と同様のものを使っていたからである。

農協が自らの組織理念を明確にし、農業振興にいかに貢献しているか、さらには、協同組合としてどのように適切に運営されているかといった独自の監査基準を持ち合わせていたら、事態はよほど変わったものになったに違いない。

ここでも、確固とした協同組合（経営）論に基づく不断の監査論への取り組みが行われていなかったことが、中央会監査制度崩壊の主な原因となったと考えられるのである。

ちなみに、中央会監査を会計士監査に置き換えるにあたって、同じ協同組合である生協（信用事業は行っていない）にさえ、すでに会計士監査が導入されているのではないかという協同組合としてのイコールフッティング論が展開された。

このことについて、戦後に発展した日本の生協は、農協の中央会監査制度のような協同組合として独自のものを持たず、当初から当然のように会計士監査が導入されてきたという事情があった。この点、単純なイコールフッティング論は排除されるべきであった。

一方で、一九九六年には、すでに信金・信組に対して会計士監査の義務付けが行われており、信用事業を兼営する農協にはより強いイコールフッティングが求められたという事情もあった。

農協が行う経営は、その多くが、株式会社などが行う経営と重なる面があるが、あくまでも協同組合経営として独自性を持つものである。農協改革を通じて、当時全中幹部であった中央会の会長が、農協は会社や他の協同組合と同じ運営であるべきとのイコールフッティング論に負けたと語っているが、それはまさに農協が独自の協同組合経営論を持たなかったことの告白に他ならない。

前にも述べたように、中央会の事業として行われている経営指導は協同組合経営の指導として捉えるべきであり、協同組合経営のもとで様々な協同組合（農協）ビジネスモデルを創出していくことにこそ協同組合経営の真髄がある。

協同組合の父と言われるロバァト・オゥエンも、日本の協同組合運動の巨人である賀川豊彦も思想家であると同時に、優れた協同組合起業家であり協同組合経営者であった。

また、われわれが日本の協同組合の祖と崇める二宮尊徳については、実は日本資本主義の体制構築に大きく貢献した「論語と算盤」の渋沢栄一も手本にし、尊敬した協同組合に限らず、日本の企業経営全体の源流を築いた人物と考えられるのである。

農協におけるビジネスモデルの創出とは、①農協組織の特質である（総合事業）と、②運営方法である（組合員への一体的対応）を生かして、③農業振興・農業の基本価値の実現としての農協理念（目的）を達成

し、本章4の（3）で述べた様々な協同組合モデルをつくっていくことを言う。(注)

注　農協の理念・特質・運営方法については、拙著『新ＪＡ改革ガイドブック〜自立ＪＡの確立』全国共同出版社（二〇一四年）を参照。

農協陣営（全中）にどこまでその認識があるのか。農水省が言うようにこれからは経営指導ではなく経営相談だとして、農協の経営指導軽視に同調し、本来経営指導と一体であるべき教育・広報事業が関連なく述べられる実態をみると、その自覚は薄いと言っていいであろう。

ここから教訓として導き出されるのは、「協同組合（農協）経営論の確立」であり、ここではそれを、「教訓四」としておく。

第四章

これからの展開〈どこへ行く農協運動〉

これからの中央会が進む方向、ひいては農協運動はどこへ向かって進んでいくのであろうか。この点について、中央会は、自らの中央会制度の廃止から教訓を学べず、従来路線を踏襲するなかで、農協運動ならぬ政治活動・農政運動（活動）によって既得権益擁護の道を突き進んできているように思える。

とくに全中は、自らの組織を政府・自民党から全否定されたにもかかわらず、その総括を行っていない。当時の万歳全中会長は、さすがに自らの中央会制度を否定されてはトップの座に居ることは叶わず、二〇一五年四月の全中理事会で辞任を表明した。

その際、辞任にあたって、なぜ中央会制度が廃止になったかの総括を後任に託すべきであったが、それはできなかった。それが農協改革の最大のターニングポイントであった。ここで万歳会長が、総括を後任に任せていれば、その後の展開はもっと違ったものになっていたのかもしれない。

だが、全中は当時、すでにそうした組織の独自判断さえも許されない状況に陥っていた。「このような事態になったのは、全中に対する自民党の政治支配の結果であり、これからは自主・自立の農協運動が必要である」と総括することなど、口が裂けても言えることではなかった。それどころか、事実はそれとは真逆の、このような事態を招いたことへの自民党に対するお礼だった。

前述したように、この時期すでに、全中は山田議員が当選した参議院議員選挙を起点として、深く自民党の政治支配体制の中に組み込まれており、全中がタブーを犯して政治に介入したツケをここでも払わされることになったのである。

なぜ中央会制度が廃止になったかの総括が行われていないためか、その当然の帰結として、全中は、筆者が指摘する「教訓」を生かした農協運動の方向に向かっていないように思える。以下に、これまでとこれからの展開について、①農協の自己改革、②准組合員対策、③全中組織のあり方の面から述べてみたい。

1 農協の自己改革

(1) 既定路線継続の自己改革

すでに述べたように、自己改革という言葉を最初に使ったのは政府であり、その意味は（表）のような内容の組織改編を実行に移すことであった。

政府は、今では農協改革について、「農協の自己改革は着実に進んでいる」などとして、全中が進める自己改革について一定の評価をしているように見えるが、それはこのうちの中央会制度の廃止（中央会については、当初は表の5のようなものであったが、一足飛びに廃止となった）が決まったことで、（表）に掲げる農協改革の目的の大半をすでに達成したかのような認識に立っているように思える。

とくに、政府・自民党が言う「農協の自己改革は着実に進んでいる」などの発言はまったくあてにならない。当初、政府は農協が行う自己改革の進捗状況をみて農協改革を進めると言っていたが、農協が自己改革を進める前に中央会制度の廃止を決めてしまったのである。

またこの他の、農協改革の大きな眼目であった農協からの信用事業分離については、JAバンク法に加え、実施体制の整備により農協信用事業の農林中金への事業譲渡の道はできたし、公認会計士監査への切り替えで完全に準備は整っている。

とりわけ、戦後七〇年の農協運動を支えてきたのは中央会制度であり、その司令塔・本丸であった中央会制度を廃止したことで、改革目的の大半を達成できたと考えるのも無理からぬことである。

また、全農の株式会社化は、農協の本来事業である経済事業の会社化を意味し、最初から無理な相談であった。さらに、共済事業についてはあまり話題にならないが、二〇〇五年の農協法改正で、共済責任は共済連に一元管理されており、組織の形態は協同組合であるものの、単位農協はすでに共済連の代理店の形に

(表) 政府による農協の組織改編の「仮説的グランドデザイン」

―「規制改革実施計画（平成26年6月24日閣議決定)」―

1．農協を農業専門的運営に転換する。
2．農協を営農・経済事業に全力をあげさせるため、将来的に信用・共済事業を農協から分離する。
3．組織再編に当たっては、協同組合の運営から株式会社の運営方法を取り入れる。
（1）全農は農協出資の株式会社に転換する。
（2）農林中金・共済連も同じく農協出資の株式会社に転換する。
4．農協理事の過半を認定農業者・農産物販売や経営のプロとする。
5．中央会制度について、農協の自立を前提として、現行の制度から自律的な新制度へ移行する。
6．准組合員の事業利用について、正組合員の事業利用との関係で一定のルールを導入する方向で検討する。

注）筆者作成。上記のまとめについては、筆者の解釈を含んでいる。たとえば、「実施計画」では、農業専門的運営への転換などという表現は用いていない。

なっていると言っていい。

政府にしてみれば、農協が言う自己改革と農水省が言う改革とは意味が違うが、監査制度の変更を含め、中央会制度という農協運動の司令塔の崩壊がこれほど容易に実現するとは、思ってもみなかったことに違いない。したがって、ここは全中が言う自己改革を一応評価しておこうということであろう。

だが農協は、農水省が言う自己改革と農協が主張する自己改革には当初から根本的に大きな隔たりがあり、今もその確執が続いていることをはっきりと認識しておくことが重要である。

それではその根本的な対立とは何か。それはすでに述べたように、農水省が農協を単なる農業振興の手段としているのに対して、農協は自らの組織を、単なる農業振興の手段ではなく地域振興を目的とする組織とも考えていることである。

この際、繰り返しの指摘になるが、農協が主張する地域組合の主張は、農業振興によって地域の振興をはかるという意味の「地域」ではなく、農協は、農業振興とは目的を異にする、信用組合や共済組合もしくは生協のような組織が混在する組織であると主張するものであることをしっかりと認識しておくことが重要である。

翻って、これまで農協が取り組んできた自己改革は、二〇一四（平成二六）年の一一月に全中が発表した「ＪＡグループの自己改革」がそのもとになっている。

これは、政府が農協に要請した自己改革案として、全中が設置した有識者会議などの意見をもとにまとめられたものである。この時期すでに、農水省から全中に対して、中央会監査の廃止通告が行われており、いわば中央会組織の存亡をかけた土壇場での改革案であった。

その内容は、要約していえば、徹底した従来路線（地域組合路線）の継続であり、中央会についてては、仕事の内容はすべて農水省の言う通りにするから制度だけは残してくれという、むしろ哀願的な内容というべきものだった。

この内容は、中央会制度維持という組織の存亡をかけた状況のなかで策定されたものであり、誠にやむを得ないものであったと言える。

だがこの命がけの自己改革案は、その後、中央会制度の廃止を含む農協法改正によって、無残にも徹底的に否定されることになる。ちなみに、前述の「ＪＡグループの自己改革」案について、発表後の記者会見で当時の西川公也農水大臣は農水省事務方の意を受け、全中が地域組合を目指していることに苦言を呈していた。

農協は今回の農協法改正を契機にして従来の地域組合論からの脱却を要請されているのであるが、過去の地域組合論による偉大な成功体験（信用・共済事業の伸長による農協組織の発展）を捨てきれず、今日に至るまで従来路線（地域組合路線）を継続している。

二〇一四年一一月の全中による「ＪＡグループの自己改革」の内容は、①基本的な考え方、②農業と地域のために全力、③組合員の多様なニーズに応える事業方式への転換、④担い手の育成強化、⑤ＪＡの業務執行体制の強化、⑥連合会の支援補完機能の強化、⑦生まれ変わる「新たな中央会」、⑧五年間の自己改革集中推進期間などから構成されている。

このなかで注目すべきは、②であり、この中で農協は自らの組織を「農業者の職能組合と地域組合の性格をあわせ持つ組織」とし、さらに、こうした役割を「農協法上に位置付けることを検討する」とまで言っていることである。

ここでいう農協法の改正とは、農協が果たす役割を、農業振興と地域への貢献とする二軸論による第一条の改正を指すものと思われる。

こうした地域組合化に向けた法改正については、農協研究者の多くもこれに同調している。だが、その具体的な内容がどのようなものであるかは別にして、それは不可能と言っていい。

この点について、学者・研究者の意見は、協同組合の一般論に傾斜していくことが常で、統一協同組合法の制定さえもが念頭におかれているようにも思える。

だが、現実的には、農協法が昔の産業組合法のような形に戻ることはありえないし、もちろん、統一協同組合法の制定などは別次元のことである。

農協研究者の多くがそのような意見であっても、全中がこのような地域組合の路線をかたくなにとっているることはどうしたことか。地域組合（二軸）路線からの転換こそが、農協改革の基本命題と言っていいのであるが、全中・農協にその認識は薄い。

現在、地域（とくに農村）の振興を目的とする組織には、「地域マネジメント法人」や「特定地域づくり事業協同組合」などがあるが、これは主に過疎地帯を念頭に置いた政府による対策であり、農業振興を目的とする農協には、一般的な意味での地域振興の役割は、少なくとも法制度上は期待されていない。

それ以上に、農業振興を国是とする農水省が、農協の目的に農業振興以外のことを規定（組合員資格の改正を含む農協法第1条他の改正）することはあり得ないし、あり得るはずがないと考えられるのである。なお、全中が二軸論をとっていることについては、二〇一四年一一月の自己改革案以降、方針を変えたのではないかという疑問もあろうが、それは違う。

それは、全中が二〇一四年の自己改革案に基づいて、二〇一七年一〇月に行われた衆議院選挙において、自らの組織を職能組合と地域組合の両方の性格をあわせ持つものとして位置付けることを政策要望（第四八回衆議院選挙公開質問内容）としていることで明白である。（注）

注　ちなみに、この政策要望について、前述の全中の自己改革案では、農協法の改正を検討すると言っているが、当の全中自体がこの法改正は無理だと承知しており、これまでその実現に向けて本気で取り組んできているとは思えない実態にある。法改正が絶望的な状況の下で、法改正を前提とした、もしくはそれを想定した地域組合論（二軸論）に基づく運動展開になっていることを、農協関係者はよく理解しておく必要がある。

このことは、全中が農協を農業振興のための組織であると同時に地域組合であるとする二軸論に立っていることを意味し、農水省が主張する、農協は農業振興の手段とする方向とは相容れないものであった。およそ農協も一つの組織であり、窮地に陥った場合、組織防衛のために従来路線の踏襲を徹底して主張するのはむしろ当然としても、その後の法改正で全面的に否定された二軸論に基づく地域組合論を運動の柱に据えているのはどうしたことであろうか。

ちなみに、二〇一四年一一月に全中が自己改革案を作成した時点では、中央会制度の廃止は決まっていなかったが、中央会監査の廃止についてはすでに農水省から全中会長に通告済みであった。

結果的には、全中が作成した自己改革案は、無残にも、政府・自民党から徹底的に排除・無視され、農協運動の司令塔であった中央会制度の廃止という最悪の形で幕を閉じたのである。

政府説明では、農協（全中）が行う自己改革の状況を見て農協改革を行うとしていたが、結論は最初から決まっていたのである。その後、全中が主導する農協運動の展開はどのようなものであったか。それは一言でいえば、政府・自民党によって徹底的に排除・無視された二〇一四年一一月作成の自己改革案によって運動が進められているということである。

普通に考えて、農協法改正前ならともかく、農協法改正によって政府・与党によって全面的に否定された地域組合（二軸論）の方向を、その後の農協の基本方針とするとはどのようなことなのか、筆者には理解ができない。

だが一方で、全中が中央会制度の廃止を含む農協法改正と言う煮え湯を飲まされた際に、その総括を行わなかったことを考えれば、それは当然の結果であったのかもしれない。

なお、すでに述べたように、政府・自民党が全面的に否定する自己改革案によって、その後の運動展開が行われているという重要な事実は、農協関係の学者・研究者が問題点として指摘しないためか、ほとんどの農協関係者には認識されていない。

（２）創造的自己改革への挑戦と実践

中央会制度の廃止を含む改正農協法が二〇一五（平成二七）年八月二八日に成立した後、二〇一五年一〇月には第二七回ＪＡ全国大会が開催された。テーマは、「創造的自己改革」への取り組みであり、当時改革派と言われた奥野長衛全中会長によるもので注目が集まった。

この大会で期待されたのは、中央会制度廃止の総括を踏まえた新たな農協運動の方針を掲げ、局面を大きく動かしていくはずのものであったが、その内容は、全中が二〇一四年一一月に決めた「ＪＡグループの自己改革」を引き継いだもので、農協法改正前の従来路線の踏襲でしかなかった。

二〇一四年一一月の自己改革案作成の段階では、いまだ中央会制度の廃止は決まっておらず、生き残りをかけて従来方針の踏襲で組織の死守を考えたのは置かれた状況からやむを得なかったとしても、その後の農協法改正によって全面否定された自己改革案の路線をそのまま大会議案にしたのはどうしたことか（ただし、中央会制度はその後の改正農協法で廃止になったので、中央会に関する内容は当然変わっている）。

この大会では基本目標として、①農業者の所得増大、②農業生産の拡大、③地域の活性化が掲げられたが、それは従来からの地域組合論（二軸論）を踏襲するものでしかなかったのである。

このあたり、その後の経過を含めて、大会方針の策定にあたっては組織代表役員というよりは、過去の農協運動の歴史・経過を良く知り得る立場にあるテクノクラート（とくに、全中プロパー役員・幹部職員）

の役割・責任は大きいというべきであろう。

この大会議案の特徴は、テーマとされた「創造的自己改革」への挑戦という言葉に象徴されている。「創造的自己改革」と言われても、従来路線の継続のもとで農協は、一体何をどのように創造すればいいのか全くわからない。

ここでの「創造的」とは、全国的な改革方針は示さないが、あるいは示せないが、改革はそれぞれの農協で考えて欲しいというメッセージと受け取れる。その後、今に至るも農協は、中央会制度の廃止という代償を払ったにもかかわらず、新たな農協運動の方向を見出せないでいると言って差し支えないであろう。

全中が二〇一四年一一月の自己改革案をまとめるにあたって設置した、「JAグループの自主改革に関する有識者会議」の座長を務めた杉浦宣彦中央大学教授は、「農協改革の目的とは農協組織が強くなることではない、根本は国民の食卓に安心・安全な食物が安定的に供給されることであり、その手段として農業改革や農協改革がある」。「組合組織がベースであるがゆえになかなか意思決定できない体質を変化させ、機動的な組織にしつつ、五年後をにらんで准組合員の問題をどうしていくのかを早急に決めていくことである」。

「そのことが一部の産業に従事している人だけの組合組織なのか、食と生活を考える国民的な組織になるのかという大きな決め手につながる[注]」といった正鵠を射た主張をしていたが、そうした意見は「自己改革案」でも、それに続く「第二七回JA全国大会議案」でも取り上げられることはなかった。

注　杉浦宣彦『ＪＡが変われば日本の農業は強くなる』ディスカヴァー・トゥエンティワン（二〇一五年）

もちろん、第二七回ＪＡ全国大会は、農協法改正直後の大会であり、急激な方向転換は時間的に間に合わないとしても、せめて中央会制度廃止という深刻な事態認識のもと、その後の五年間の改革集中推進期間中に、組合員段階までを含めて二軸論からの脱却、具体的には「農協経営の基本理念とは何か」、「准組合員問題の解決策とは何か」、「農業振興の抜本策とは何か」等々の根本問題について、一定の方向感を持った問題提起を行い、活発な議論を引き出すべきであったであろう。

続く第二八回ＪＡ全国大会（二〇一八年三月）では、第二七回大会の取り組みの成果として、農畜産物等の販売高の伸長（平成二六年度比で一〇八・四％）、生産資材価格の引き下げなどが指摘されている。販売高の伸長については、信用・共済事業が低迷するという事業環境の中での相対的なもので、取り立てて成果と呼ばれるほどのものではなかった。

なおこの間、二〇一六年一一月には、規制改革推進会議から全農改革について、農産物委託販売の廃止と買い取り販売への転換、全農購買事業の新組織への転換などの意見が出され、これが全農改革を加速させることになった。

この結果、全農では、二〇一七年三月には農協改革の年次プランを策定し、肥料・農薬・農業機械などの分野で、銘柄の集約や様式の簡素化により、価格の引き下げに成果をあげた。

また、農林中金への事業譲渡については各農協で検討が行われ、二〇一九年八月にその結果がまとめられている。それによれば、信用事業の事業譲渡を検討している農協は、六一三農協（二〇一九年五月末）のうちのわずか五農協であった。

第二七回大会の総括のもと、第二八回ＪＡ全国大会（二〇一八年三月）では、従来と違って農協から積み上げる議案の作成が強調された。その結果策定されたのは、「創造的自己改革の実践」であり、前回の「挑戦」が「実践」に変わっただけであった。

もともと「創造的自己改革への挑戦」自体が従来路線の踏襲に過ぎず、農協改革という観点からは、内容の乏しいものであったが、今度はそれを実践せよということになったのである。

わずかに、第二八回大会では、新たに「アクティブ・メンバーシップ」が提案され、組合員との対話が強調されたが、それも真の意味で農協改革と言うには程遠いものであった。

そもそも、「アクティブ・メンバーシップ」と言う文言も、なぜわざわざこのようなわかりにくい表現にしたのかよくわからないが、問題はその内容である。「アクティブ・メンバーシップ」とは、要するに農協の事業や活動に「わがＪＡ」意識を持ってもらうということなのだが、それには、協同活動の意義などと言った抽象的なことではなく、組合員が関心を持つ農や食の問題について、事業や組織活動についての目標の設定の提示など、農協からの具体的な提案が必要になる。

この間に全中が打ち出した独自の具体策は、「組合員アンケート調査」〈二〇一七（平成二九）年七月の全中理事会決定〉と、それに続く「組合員との話し合い」であった。

この重要な時期に、農協改革推進の手段としてアンケートという手法が適切であったのか、またその結果についてどうだったのか、対外的にはともかく、組織内ではよく検証しておくことが今後の取り組みにとって重要であろう。

アンケートの重要な設問項目である「総合農協」や、まして「准組合員の事業利用制限」について、准組合員は無論のこと、正組合員でさえその意味を理解している者は非常に少ない、あるいはほとんどいないというのが組織の実情なのである。

組合員との話し合いについては、一体何を話し合えばいいのであろうか。組合員の琴線に触れる話題でなければ、組合員は相手にしてくれない。話す方が、話を受ける相手以上の問題意識・提案力を待たなければ、話し合いは成立しない。

むしろ、農協役職員総出の農作業支援ディ（月一回）を設けて実行に移すことのような対策が大きな対話力になると考えられるがどうであろうか。

結局のところ、二〇一五年から二〇二一年の六年間に自己改革の名のもとに全中が打ち出したのは、かつて政府・与党によって全面的に否定された従来路線踏襲の旗振りだったというのが筆者の見解である。そしてそれは、今後三年間続けられることになる。

この間、低金利政策の継続等の金融情勢から農林中金・信連からの奨励金の削減、共済付加収入の伸び悩み・減少という事業環境のもとで、営農・経済事業の経営確立意識が高まるなど、自己改革の掛け声は農協役職員の危機感の醸成には一定の役割を果たしたと思われる。

だがそれは、平時の時と同じ意味を持つもので、前述の「教訓一、二、三、四」を生かした新たな農協運動の転換を目指すには物足りないものであった。

この間に全中が提唱した農協の自己改革の取り組みは、農協の危機意識を高め、本来の農業振興への取り組みの重要性の認識が深められたのではという点で一定の成果を上げたと考えられるし、そのことに筆者は異を唱えるつもりはない。

だがこの間に全中が提案すべきことは、それ以上に重要な課題であった二軸論からの脱却への意識改革ではなかったかということである。二軸論からの脱却と言っても、それは過去の成功体験からの脱却であり、簡単にできることではない。

意識改革に多くの時間を要するのは世の常である。まして、農協の営農・経済事業重視への事業転換を通じて、新たな協同組合ビジネスモデルを構築していくことには多くの困難と時間を要する。それゆえ、この間の農協の取り組みは重要だったと考えられるのである。

（3）農協改革元年

二〇二一年の一〇月に開催された第二九回ＪＡ全国大会では、「持続可能な農業・地域共生の未来づくり」が決議された。内容は、一〇年後の状況変化を見通し、①持続可能な食料・農業基盤の確立、②持続可能な地域・組織、事業基盤の確立が目標とされ、とくに担い手育成で「次世代総点検運動」を掲げたが、基本はこれまでの延長線上の自己改革を継続するというものだった。

第二九回大会は、全中が一般社団法人へ移行した後の、最初の歴史的な大会であり、農協にとってこの大会は、自主・自立の農協運動元年に位置付けられるべきものであったが、そうした認識は全中になく、熱気が感じられないと思うのは筆者だけであろうか。

この大会では何はさておいても、全中は一般社団法人になり、農水省の後ろ盾を失ったのだから、全農協に自主・自立の精神の農協運動を呼びかけ、結集を求めることではなかったのか。

他方、農協論的に考えると、今回の大会議案は、これまでの六年間、及びこれからの三年間、政府・自民党によって否定され、かつて農協自らも問題があると認識している地域組合論（二軸論）による農協運営を行っていくことを意味している。

大会議案の副題は「不断の自己改革によるさらなる進化」となっている。ここで言う「進化」とは一体何を意味しているのであろうか。それはおそらく、これまでの農協運動の転換を意味するものではないことは確かであろう。であるとすれば、農協はやがてさらなる危機的状況に直面することになる。

「次世代総点検運動」をして、それがどういう意味を持つのか。今すべきは、農協として、次世代の担い手をどのように育成すべきか、その具体策を提案することが急務ではないのか。

農協が取り組むべき最大の課題は、第三章４の（３）で述べたようにプロダクトインの農業生産対策であり、農協は自ら生産の主体となって農業生産力の増強や担い手の育成に全力をあげるべきであろう。

また今回の議案は、従来の取り組み内容に「持続可能な」という修飾語がついた感じがするが、持続可能な社会を構築していくために、農協はどのような目標とプロセスを持つのか、それが明らかにされなければ空文になるのではないのか。

さらに、今回の農協改革で最大の問題となった准組合員対策については、事業利用規制を免れたことで、これ以上は触れない方が良いという意図からか新たな対策が打ち出されることはなかった。

すでに述べたように、この問題については、何ひとつ解決策が見出されたわけではなく、今回の事業利用規制の棚上げは、次なる問題提起までの猶予期間が始まったものとみておいた方が良い。

このように考えれば、全中は今回の大会で対応方針を打ち出し、准組合員対策元年として取り組みを進めるべきであったと思う。

提案されている「国消国産」も、准組合員による「地産地消」の農産物の買い支えなどとセットされた農業振興対策として、正准一，〇〇〇万人組合員の国民運動にすれば、組織内外に大きなインパクトを与えることができるのではないか。

第二九回ＪＡ全国大会議案には実に多くの事柄が述べられているが、農協が今後どのような目的に向かって運動を展開していくのかその姿が見えないと感ずるのは筆者だけではあるまい。

農協は提示された様々なメニューの中から自由に取り組み事項を選択していけば良いということかもしれないが、せめて農協の経営理念（背骨）だけは明確にしておくことが必要である。

今後の中央会の機能は、指導ではなく相談機能にあるとしてメニューを示すことが中央会の機能であるとする考えがあるとすれば、それは思い違いではないのか。

全中が農協の代表機能を果たすためには、これまでの二軸論から脱却して新たな農協の経営理念を明確にすることが重要であり、そのことによって機能を果たすことができると考えるべきと思う。

取り組み全体の方向感が見えづらいのは、全中が依然としてこれまでに述べてきた地域組合（二軸）論にこだわっているからに他ならず、農業振興という農協の経営理念が必ずしも明確にされていないことによるものと言っていい。

ＪＡ全国大会議案は、協同組合一般の運動方針を述べたものではなく、優れて農業協同組合としての運動方針を内容とするはずのものである。

一方、准組合員対策についてみると、今大会議案では注目すべき内容がある。それは、准組合員の属性・特性を「正組合員とともに地域農業や地域経済の発展を支える組合員」と位置づけ、他方で農業振興上の区分として、「農業振興の応援団」としていることである。

「対象者の属性・特性」と「農業振興上の区分」との使い分けをどう考えればよいか、筆者にはにわかには理解できないが、多くの農協関係者もその理解に戸惑いが生ずるのではないか。

対象者の属性・特性として、准組合員を「正組合員とともに地域農業や地域経済の発展を支える組合員」としているのは、全中が従来通りの地域組合論（二軸論）に立っていることの表明と思われるが、結論から言えば、農協は農業振興を専らとする組織なのであり、准組合員を、ここで述べられている農業振興上の区分としての「農業振興の応援団」つまり、農業振興の「サポーター」に位置付けることで今後の准組合員対策を前進させることができると考えられる。

准組合員の事業利用規制が検討され、多くの農協が准組合員加入について尻込みする中で、ＪＡ秋田しんせいでは、准組合員を「農業の応援団」、「サポーター」と明確に位置づけ、堂々と加入推進を進めている。

また、わが国最大規模の集落営農（一，〇〇〇ヘクタール）を展開する農事組合法人となん（岩手県・盛岡市）の熊谷健一会長理事は、正組合員の資格喪失や集落の水管理・景観維持等で准組合員の存在なくして集落営農は成り立たないと断言している。

総じて第二九回大会は、中央会制度崩壊の総括を踏まえ、農協改革元年に位置づけられるべきものであったが、大会議案にそうした視点はうかがえない。

（4）規制改革実施計画

（ア）内容と評価

二〇二一年の六月一八日に、政府の「規制改革実施計画」が閣議決定された。これは、准組合員に関する事業利用規制についての検討期間が二〇二一年三月で終わったことを受け、政府としてこれからの農協改革の方向を示したものであり、政府主導の農協改革は、これで一区切りと言うことになった。

この政府計画は、農水省が提起し、規制改革推進会議の答申にも盛り込まれた内容を踏襲したものとされる。

その内容は、各農協で農業振興などのＫＰＩ（重要業績評価指標）：Key Performance Indicator（キー・パフォーマンス・インディケーター）を定め、①自己改革の具体的方針、②中長期の収支見通し、③准組合員の意思反映と事業利用の方針を策定する。

そしてその方針を総会で決定し（Plan）し、方針に基づいた改革を実行（Do）し、改革の実績と方針を比較分析して組合員に説明し、その評価（Check）を踏まえて計画に反映し、方針を修正（Act）するというものである。

この政府計画が決まったことで、五年間の見直し期間を経て検討することになっていた最大の課題であった准組合員問題について、事業利用の一律的な規制は加えないということが明らかとなった。

また、農協の信用事業の事業譲渡も強制しないことがすでに決まっており、今回の政府計画が決まったことで農協陣営には一種の安堵感さえ漂い、全中はこれまで通り自己改革を継続していくとしている。

この結果は、この間に農協が進めた自己改革に政府・与党が一定の理解を示したものと捉えられている。

一方で、准組合員に対する事業利用規制を免れたのは、すでに述べたように、農協改革の名のもとでの中央会制度の廃止は、いくら何でもやり過ぎであり、行政にとっても、これ以上准組合員問題に手を付けることは得策ではないという躊躇の念があり、あるいはまた、ゼロ金利政策の継続のもとで、金融収益があがらなくなり、農協の信用・共済事業収益の伸長が他企業の関心事から遠のいたという状況もあったと思われる。

他方、この政府計画のもう一つの大きな特徴は、農協経営のＰＤＣＡサイクルを農水省が指導・監督するということになったことである。ＰＤＣＡをしっかり回していくことなどは、企業にとって当たり前のことであって、本来自由意思で行われるべき企業活動が行政によって指導・監督されるようになったのは、農協にとって誠に屈辱的なことと思われるが、それともそれは農協が望んだことなのだろうか。

これを、中央会制度の廃止との関連で見れば、これまでは中央会を通じて、間接的に農協を指導・監督していたものを、これからは、五八四の農協（二〇二〇年四月一日現在全中調べ）に対して農水省が直接指導・監督するという意思表示と思える。

このように行政が民間企業のＰＤＣＡまで指導・監督する形は、農協以外に見られるのであろうか。倒産状態にある企業の国家による管理はともかくとして、平時において農協がこのような状態に置かれることをどのように考えればいいか。

とりわけ、全中は自己改革としてそれは政府に強制されるものではなく、自らが主体的に行うものと繰り返し主張してきたが、この主張と政府計画による農協のＰＤＣＡの指導・監督とはどのような整合性を持つのか、しっかりした説明が求められる。

「自己改革、自己改革、回せ、回せ、ＰＤＣＡ」で今後の事態を乗り切れるのであろうか。少なくとも、国が農協の指導・監督を行うと言っても、その結果について、経営責任を取ることはないということだけは確かかのようである。

一方で、しっかりしたＰＤＣＡを確立していくことは協同組合たる農協にとっても極めて重要であり、協同組合らしい経営の確立は農協改革の中心的課題である。

総合経営収支のシミュレーションにより経営の安定化をはかることは重要であるが、同時にそれは組合員参加の協同組合らしい経営の確立でなければならない。

ＰＤＣＡの確立にとって重要視されなければならないのが、目標の設定である。しばしば指摘されるように、農協の場合は、前年度踏襲型の事業計画の策定が常態化されており、これからは、環境変化に対応した挑戦的な目標設定が求められている。

またそれには、各農協において意欲的な地域農業振興計画の策定が必要である。多くの農協においては農協の事業計画が重視され、事業ごとの目標設定のもと、それに基づいた事業推進が行われているが、農協はこの際、原点に戻って新たに地域農業振興計画を策定・見直し、新ビジョンのもと農業振興に努めるべきである。

その内容は、農業生産の増大や農業所得向上の面だけではなく、消費の面や、行政との連携の面からアプローチする総合的な地域農業振興、言い換えれば第三章4の（3）で述べた農業の基本価値の実現を含めた内容でなければならない。

とくに、ＳＤＧｓや、「みどり戦略」の展開については、具体的な目標設定を行っていくことにこそ、協同組合としての存在意義がある。この点、農協としてＫＰＩ（重要業績評価指標）の内容をどのように考えていくかは、重要なポイントになる。

農協のＰＤＣＡを直接農水省が指導・監督することになったことについては、様々な意見があろうが、一方で、これまでの取り組み経過を見れば、筆者には、農協は自ら改革を実行しようとする意思や力は乏しく、それは行政に任せたというように受けとれる。

それは、農協は今まで通りのやり方で仕事を続けていくという自己改革をひたすら続け、これからも続けていく姿勢に端的に表れている（自己改革の推進：第二七回・二八回・二九回ＪＡ全国大会方針：二〇一五年～二〇二四年）。

多くの農協関係者には認識されていないようであるが、繰り返し述べるように、これまで全中（農協）は、中央会制度の廃止によって政府・自民党によって全面的に否定され、自らも問題ありと認識した、中央会制度廃止前の自己改革案（地域組合・二軸論）によって農協運動を行ってきたし、これからも行おうとしているのである。

加えて、農水省の後ろ盾を得ていた中央会制度がなくなったことで、その不安感から自らのＰＤＣＡさえも農水省に管理してもらうことにしたのであろうか。

いずれにしても、今後農協は、自らの経営について農水省の直接管理のもとにおかれるという異次元の領域に足を踏み入れていくことになる。

今回「規制改革実施計画」が閣議決定されたことで、新たな農協の経営理念をどのように考えるかといった農協改革の基本命題の検討は、引き続き農水省がその主導権を握ることが明確になったと言っていいだろう。

（イ）対応の方向

こうした事態に、われわれはどのように対処すべきなのか。対処の方向は、大きく二つに分けられる。

一つは農水省からの提案を待ち、その内容が明らかになった時点で自民党の力を借りて既得権益を守るというものであり、もう一つは、事前に自らも解決策を用意して政府・与党、場合によっては野党の力も借りて自らの考えを実現していくことである。

これまで、全中は准組合員問題に関する取り組みに典型的にみられるように、これを既得権益として自民党（それも官邸）にその解決を託してきた。それは、農協運動と言うより農政運動（農政活動）と言えるものである。

この点、現在の全中は農協改革を農政運動として取り組んでおり、農協運動を農政運動と取り違えているようにみえる。だが、こうした取り組みは、一時的に農協の既得権益が守られたように見えても、根本解決にはつながらない。

今回の准組合員問題は農協組織のあり方を問われている問題であり、農協は組織をあげてこの問題に取り組むべきである。それこそが自主・自立の農協運動と言われるものである。半面で、准組合員問題は、農協の力だけでは解決が難しく、農水省の力を借りなければ解決ができない難問でもある。

「政府の強烈な抱擁は、しばしば死の接吻に終わる」ということわざが協同組合界にはある。そうならないためにも、今後は困難ではあっても、組合員とともに自ら解決策を考え、農水省とも協議を重ね、結論を得るような自主・自立の農協運動を展開していくべきである。

2 准組合員対策

(1) これまでの経緯〜自民党への依存

(ア) 組合員の判断

准組合員問題は、農協改革の最大の課題として二〇二一年四月以降に結論が持ち越された。二〇一四年五月一四日に公表された当時の規制改革会議の農業ワーキンググループの提言で、「准組合員の利用は正組合員の二分の一を超えてはならない」とされ、農協界に大きな衝撃を与えた。

当時から准組合員の問題は、中央会制度の廃止と引き換えに死守したほどの農協界最大の課題とされてきたのである。今回、今後の農協改革について閣議決定された政府の「規制改革実施計画」（二〇二一年六月）では、農協が自己改革案を計画し、その中で准組合員の事業利用や農協への意志反映について方針を決めて実行するとし、これを農水省が指導・監督することになった。

結論から言えば、当初規制改革会議が提案した事業利用規制については、一律の規制はまぬがれたものの、課題はすべて持ち越しとなった。言い方を変えれば、既得権益確保の農政運動（農政活動）としては一定の成果をあげたように見えるものの、農協運動としては自ら改革の方向を見いだせず、改革の主導権は政府に委ねられることになったのである。

今回、准組合員の事業利用規制についての一律的な規制は回避されたものの、一律的な事業利用規制に代わる実質的な規制や、それ以上（他組織への転換等）の措置がとられるかどうかは、今後予断を許さない。何分にも農協は、農水省に経営の基本であるＰＤＣＡについて指導・監督を受けることになったのだから。

いずれにせよ、准組合員問題について、全中は二〇一五年の改正農協法成立後、早速これを政治問題として取り上げ、その解決を自民党に委ねた。

二〇一八年三月に開催された第二八回ＪＡ全国大会「創造的自己改革の実践」では、アクティブ・メンバーシップの中で、組合員の声を聴く「組合員との対話運動（全戸訪問等）」の展開、准組合員の「食べて応援」、「作って応援」などが提案されたが、准組合員対策は従来方針のままであった。

続く二〇一八年六月七日のＪＡグループ政策確立大会では、自民党の二階幹事長が「准組合員の事業利用規制やＪＡが行う信用事業の代理店化について、押し付けるつもりはない。組合員が判断すればよい。しっかりと党として約束をしておく」と述べた。この二階発言は、二〇一九年の夏に予定されている参議院選挙に向けて自民党圧勝の期待を込めたリップサービスと言えるものだった。

さらに、全中は二〇一九年四月二四日には、「食料・農業・地域政策確立全国大会」を東京で開いた。無論この大会は、この年の七月に行われる参議院選挙の自民党の選挙公約に農協の要望を盛り込ませるためのものだった。

この大会に向けて、自民党の二階幹事長はビデオメッセージを寄せ、准組合員の事業利用規制については、「組合員の判断」に基づいて検討することとし、これを参議院選挙の党の公約に盛り込む方針を明らかにした。

これに先立つ、二〇一八年八月二四日の自民・公明両党による「農協改革推進決議」の中にも、農協組合員の判断という文言が入っていた。

こうした経緯の中で、「組合員の判断」が農協界にまかり通ることになるが、不思議なことに、この意味を当の自民党を含めて全中にも解説する者がいない。誰に聞いても、その内容はわからないのだ。

しかし、政党の選挙公約と言うものは、耳触りが良く、あとで責任逃れができるように用意されたものだということを考えれば、もともと、そのような曖昧なものかもしれない。その後、規制改革推進会議で農水省から准組合員の意思反映という言葉が出てきているが、それが何を意図するものか定かではない。

ここでのポイントは、内容はともかく、准組合員の事業利用について一律に規制をかけないことを約束させることであり、規制さえ回避できれば、まずは大成功と言うことだろう。

ともあれ、これで農協陣営はひとまず留飲を下げ、参議院選挙に突入することになった。

(イ)　参議院選挙

参議院選挙では自民党の全国比例代表として、農協内対立候補の黒田栄継元全国農協青年組織協議会会長を退け、山田俊男候補が出馬することになった。次代を担う新しい世代に席を譲らず、自民党参院議員の七〇歳定年制の特例規定まで使って山田議員が三度《みたび》出馬することになったのはなぜだろうか。

それは結局のところ、全中が農協改革で残された最大の課題である准組合員問題の解決を、インナーとなった同議員（自民党）に期待した結果であろう。追い詰められた全中は比較的安全と思われる候補として現職の山田議員を選んだのであり、それが、自民党の議席確保という利害と一致したと思われる。

そこでは、准組合員問題を農業振興との間でどのように考えるのかと言った、大局的な議論が戦わされることはなく、既得権益確保のみが焦点とされた。

選挙の結果は、准組合員問題は必ずしも争点にならず、山田議員は前回からさらに、一二万票減らして、自ら敗北の弁を述べている。

准組合員問題を専ら政治に委ねた全中の戦略は、「組合員判断」という結果をもたらしたが、半面で、大きな副作用をもたらすものでもあった。それは言うまでもなく、自民党がなんとかするからと言うこととの引き換えに、「この問題については騒ぐな」と言う指令の徹底である。

後にも述べるが、准組合員の問題は単に農協の既得権益を守れば良いというだけの問題ではなく、環境変化に応じて農協のあり方を考えなければならない大問題でもある。

だが、農協が進める自己改革は、環境変化には目を閉じて自分だけが正しいとする自己満足、既定路線の踏襲なのであり、准組合員問題もその中に包含されている。このため、全中は渡りに船と「この問題について騒ぐな」と言う政府・自民党の指令に従ったのである。

結果、この問題の本質の検討や対応策について農協や組合員の段階での議論は一切封殺されるという悲劇を招いている。農協関係者は、二〇二一年四月以降に出される准組合員問題について、政府が出す結論を「固唾を飲んで見守る」ことになったのだが、そこには肝心の組合員の姿はなかった。

結果は、上からの一律的な事業利用規制は免れ、今後准組合員問題は、農協のＰＤＣＡサイクルの中で准組合員の意思反映などのかたちで取り組むことになった。

これをどのように考えればいいか。准組合員問題は農協運動として取り組まれることはなく、専ら政治的な問題に置き換えられたため、その本質的な問題はすべて先送りになったと言っていい。

ふり返ってみれば、農協陣営（全中）にとって上からの一律的な規制さえ回避できればそれでよく、面倒な議論などはどうでもよかったと受け取れる結果に終わったのである。

そしてここが肝心な点であるが、全中がこれまで進めてきた既得権益擁護のための准組合員対策では、この問題の根本的な解決にはつながらず、それどころか自ら墓穴を掘る結果を招くことになることを認識すべきである。その理由については次項で述べる。

これまでの准組合員問題への対応をみると、前に述べた「教訓一」の自主・自立の農協運動、「教訓二」の新たな農協の経営理念の構築、「教訓三」の協同組合（農協）経営論の確立（新たなビジネスモデルの構築）、「教訓四」の国民に開かれた農協運動を生かす内容とはなっていないと言っていいだろう。

（2）問題の本質と今後の対応

（ア）基本認識

そもそも、准組合員問題をどのように考えるのか、その考え方は二つある。その一つは、准組合員制度は法律で定められている当然の権利であり、この権利は守られるべきであるとする立場であり、もう一つは総体としての准組合員数が正組合員の数を超えるという事情の中で、農協と言う組織の本質が問われているという認識に立つ考え方である。

前者の考えは、いま全中（農協組織）がとっている立場であり、多くの識者も同様の立場に立っている。それは、たとえば、農文協編『農協准組合員制度の大義』農山漁村文化協会（二〇一五）などに象徴される。ちなみに、この本の副題は、「地域をつくる協同活動のパートナー」となっているが、その意味は、准組合員は地域振興という農業振興以外の目的を持ち、かつ正組合員とは別の人格を持つ存在（パートナー）だということなのである。まさに、准組合員の大義のもとは、地域組合論（二軸論）にあるのだ。

だが筆者は、二〇〇九年度に全国の農協の准組合員（四八〇万四，一二三七人）が正組合員（四七七万五，二〇四人）を上回った段階で、後者の農協組織の本質が問われているという認識に立つ。

准組合員問題について、何も問題提起がなければそれでよいが、規制改革会議（当時）であれどこであれ、准組合員問題についての問題提起が行われた以上、農協陣営はそれに対する答えをしっかりと用意しなければならない。

これまでの農協の准組合員対策は、職能組合論に対峙する地域組合論（二軸論）圧勝の中で、問題なく行われてきたと思えたが、今回規制改革会議が准組合員の事業利用規制問題を提起してきたことで、二軸論に基づく准組合員対策は抜本的な見直しが迫られているという基本認識がまず重要であろう。

こうした認識は、筆者の勝手な思い込みではなく、次のような事実（Fact）に基づいている。准組合員対策は、こうした事実を出発点に対策が考えられなければならない。

その内容は、「まえがき」ですでに述べた通りであるが、再度復唱してみたい。

准組合員の事業利用規制については、中央会制度の廃止（中央会監査の廃止を含む）と引き換えにされたほどの重要問題であった。

それでは、なぜ最終的に全中会長はじめ農協全国連幹部は准組合員の事業利用規制阻止にこだわったのか。その理由は二つあるように思える。

一つは言うまでもなく、そのことで農協の事業に深刻な影響が及ぶこと、これは当り前のことである。そしてもう一つは、あまり触れられないが、それは、農協陣営に、これまでの准組合員に対する取り組みに自信がなかったことがあげられるだろう。

なぜなら、これまでの取り組みに自信があれば、准組合員の事業利用規制問題にこだわる理由がないからだ。堂々と事業利用規制をはねつければいいし、中央会制度廃止も拒否すればよかったのである。そうできなかったのは、これまで取り組んできた准組合員対策には問題があると、農協自身が認識していた現れではないかと思われるのである。

このことから、中央会制度廃止の大きな原因の一つは、農協がこれまで取り組んできた准組合員対策、さらにはその理論的支柱となっている地域組合論（二軸論）にあると考えられる。

結論から言えば、この時点（中央会制度廃止）で従来の地域組合論（二軸論）は、行き詰まりを来しているると言っていいのであり、今後の准組合員対策は、そのもとになっている農協の経営理念を新しく構築していくことと密接不可分の関係にあると思えるのである。

一方で、全中は自ら中央会制度廃止の総括をしていないためか、中央会制度の廃止が決まった途端に、これまでの准組合員対策に問題があったという意識は吹き飛び、その代償として准組合員は制度で保障されているからそのすべてを認めよという既得権益擁護の対策に終始することになる。

また、全中と歩調を合わせる学者・研究者のみなさんは、その多くが中央会制度の廃止とは直接関係を持たせず、准組合員問題が生ずるのは農協法の目的が農業振興だけにあることに問題があるとして、農業振興の目的に加えて地域振興を目的に加えよと主張している。こうした、農協法第一条の目的規定の改正の要求は全中も同じである。

中央会制度を手放してまで守った准組合員問題について、政府が否定し農協陣営自らも問題があると認めた地域組合論に基づく対策をなぜこれまで通り継続していくのか。

また、こうした法改正が不可能なことを前提とした准組合員対策は、実際にはワークしていかないことを、農協のみなさんにはよく理解して頂きたいものである。

それでは、これまでの准組合員対策には、どのようなところに問題があったのか検証してみることにする。抽象論でなく筆者が地元農協の准組合員になってみて感ずることをもとにして考えてみたい。

(イ) これまでの准組合員対策の検証

准組合員問題には古くから議論があり、農協ごとにそれなりの対策がとられてきているが、本格的な取り組みは行われてこなかったと言っていい。

その特徴は一言でいえば、理論的根拠を地域組合論(二軸論)におき、その実は農協の員外利用規制を逃れ、信用・共済事業が伸びればいいという、農協にとって都合の良い、ある種独善的なものであったと言っていいだろう。

そのため、農協組織内の対策としてはなんとなく効果的な対策のように見えたが、組織の外に向かっては説得力に欠け、納得が得難い対策であったのではないかと思われる。

今回の規制改革会議からの准組合員の事業利用規制の提案で、農協グループ内が騒然となり、挙句の果てには中央会制度の廃止までに至ったことが、何よりもそのことを雄弁に物語っている。

①地域インフラ論と員外利用規制の回避

これまで全中がとってきた准組合員対策について、まずは、わかりやすい農協の地域インフラ論について見てみよう。農協改革で、全中は准組合員問題について農協の地域インフラ論を前面に据えた。

それは、地域組合論（二軸論）の典型で、農協は農業振興だけでなく、各種の生活関連事業を展開することで地域振興に大きく寄与している。だから准組合員が多く利用している地域農協は、地域の生活インフラ設備として重要だというものである。

この地域インフラ論は、農協の准組合員対策における基本理念となり、二〇一五年の改正農協法成立の際には、その重要性が衆参両院の農林水産委員会で付帯決議が行われている（付帯決議は、関係議員の主張が通らなかったことへの言い訳程度のもので、何の拘束力もない。それは、当事者の議員が認めていることである）。

だが、この地域インフラ論には大きな落とし穴が待っている。それは、インフラが整っている地域では事業利用規制をかけても問題はないという議論を呼ぶからである。

今やよほどの山間僻地を除けば、多くの地域で生活インフラは整備されている。とくに都市地帯の農協ではそれが顕著で、スーパー・コンビニ、ガソリンスタンド、銀行、生損保会社等々が押すな押すなのひしめき合いである。

地域インフラ論からすれば、こうした生活インフラが整っている地域の農協では、准組合員の事業利用規制は、かけられてもやむをえないということになり、これでは准組合員対策にはならない。

それとも、都市地帯における准組合員対策は、最初から諦めているということだろうか。

ちなみに農水省は、准組合員の事業利用規制に関する五年間の猶予期間の中で、すでに農協周辺の生活インフラの整備状況についての調査を完了していると思えるのだが、その内容を表に出してきてはいない。理由は、すでに述べたように、これ以上准組合員問題で農協を追い詰めるのは得策ではないという情勢認識の変化があったのであろう。

あるいは、今後、農協のＰＤＣＡサイクルを指導・監督する中で、ＫＰＩ（重要業績評価指標）を適用するにあたり、地域のインフラの整備状況を参考にして、農業振興を盾に事実上の准組合員の事業利用制限をかけるカードとして温存しているのかもしれない。

もちろん、農協以外に生活インフラがないか、それに近いような状況にある地域においては、農協の存在意義を地域経済の発展のように農業振興以外の目的を持つ組織に見出すことは自由であるが、一般論として生活インフラが整っている多くの地域において地域インフラ論を強調するのは、それは農協の組織拡大が目的ではないのかという批判を受けることになることに留意すべきである。

それにまた、農協の准組合員対策は、端的に言えば員外利用規制を逃れるためのものであり、農協はこの員外利用規制をクリアするために准組合員の加入を進めてきたと言っても過言ではない。

多くの農協では一口一，〇〇〇円～五，〇〇〇円程度の出資金を払えば、誰でも准組合員になることが可能で、農協は事業利用者を准組合員にすることで、員外利用制限にふれることなく事業を拡大していくことができる。

極端に言えば、員外利用規制を逃れるための准組合員加入を進めることで、主に信用・共済事業等の取り扱いが伸長すればそれで問題はなく、それゆえ、これまで農協に本格的な准組合員対策は存在しなかったと言っても過言ではないのである。

結果は、加入推進により、六〇〇万人を超える膨大な意思なき農家以外の准組合員が出現することになり、外部から批判を呼ぶことになったと思われるのである。

②「規制改革実施計画」と准組合員対策

また以上のことと関連して、二〇二一年六月の政府による「規制改革実施計画」との関連で、地域組合論（二軸論）では対応が難しいことを見ておきたい。

この計画では、農協が准組合員の事業利用と意志反映方策を策定し、農水省の指導・監督のもとに取り組むことになっている。准組合員問題の取り組みのキーワードは、①「組合員の判断」と、②「准組合員の意思反映」である。

「組合員の判断」については、准組合員の事業利用問題を解決する方法として、たとえば、ア、農林中金の代理店になる方法、イ、期間を区切って株式会社や生協など他の協同組合や株式会社に転換することなどを念頭において、農協ごとに実情に応じた選択を求めることが考えられるが、こうした道を選択する農協は今のところほとんどないだろう。

問題は、「准組合員の意思反映」である。そもそも、「准組合員の意思反映」とはどのような問題意識のもとに提案されたものであろうか。農協法の趣旨からすれば、もともと准組合員には意思はなく、あっても農協の運営にその意思は反映されることはなく、事業の利用権だけがあるはずなのである（自益権の付与と共益権の排除）。

今回、農水省が打ち出した「准組合員の意思反映」という意味は、准組合員にも意思を持たせようということなのだろうか。厳密に言えば、それ自体が自己矛盾なのだが、それが准組合員に共益権を持たせることを意味するかどうかは別にして、ともかく、今回あえて意思を持たせることにしたのである。

そうであるとして、農協法による准組合員の共益権の排除は、農業者の利益が農業者以外の勢力によって損なわれないようにするためにとられた措置であることを考えれば、准組合員の意思反映はよほど制約されたものになる。

否、准組合員に共益権を与えないのは、非農民的勢力の排除であるという趣旨からすれば、意思反映は農業振興に関する内容に限られるはずである。

さらに、准組合員は農業生産の当事者ではないので、農業振興に関する意思はもともと存在しないという考えに立てば、意思反映は言葉だけのことで、実際には意思反映自体が存在しないことになる。

ところが農水省は、准組合員に意思があるとして、その意思反映にはニュートラルな姿勢をとっている。意思反映の中身は、農協の自主的な判断に任せるということなのである。

これは何を意味するのか。それは、農協が農業振興以外の准組合員の意思を取り入れて、農協以外の組織に変質してもそれは農協の自由だということを意味しているのだろう。

改正農協法では、農協が会社や生協などの他の組織に転換する道を開いている。農協法の趣旨からいえば、農水省がとっている、准組合員の意思反映はニュートラルというのは、誠に整合性がとれた対応と言っていい。

ところで、問題はこれに対するわれわれの対応であるが、全中はこれまで通り、二軸論に立って准組合員の意思反映をはかっていく方向のようである。

二軸論は准組合員に、地域振興という農業振興とは別の役割を与えている。こうした、准組合員の農業振興以外の意思を農協に反映していくとどうなるか。当然、農協は農協でない組織に変質していく。

農協として、そうさせるわけにはいかない。このため、これまでとられている准組合員の意思反映は、農産物直売所などでのモニターや、部会など各種組合員組織への参加、支店運営委員会や理事への参加・登用などが進められているが、その趣旨はあいまいなままで、なんとなく准組合員の意見を聞こうという内容にとどまっている。

従来通り二軸論に立って准組合員の意思反映をはかっていく方向とは、こうした意思反映をこれからも続けていくことを意味する。前にも述べたと思うが、これでは今までと何も変わらない。変わらないとすればまた同じような准組合員批判が出てくることを覚悟しなければならない。総じて以上のことは、二軸論では問題の解決にならないことを意味している。

農協が准組合員の意思反映について、どのような対応をしていくべきか。それは後で述べることにして、とりあえずここでは、准組合員の意思反映がどのような意味を持つのか、また二軸論のもとでは、有効な准組合員対策は打ち出せないことを指摘しておきたい。

准組合員の意思反映方策については、さまざまな方法が考えられるが、意志反映の究極の姿である准組合員の共益権の問題を考えることで、今後の意思反映方策の本質が見えてくる。

③二軸論による准組合員対策の限界

意志反映の取り組みを一歩進めた、運営参加権である共益権の付与の問題を考えることで、准組合員対策を地域組合論（二軸論）で考える限界が鮮明になってくる。

農協では、これまでに准組合員対策について、様々な取り組みが進められてきたものの、肝心な共益権（共益権には、議決権、選挙権、総会招集請求権、役員改選〈解任〉請求権、参事または会計主任の解任請求権などがあるが、ここでは、簡単のため、議決権を念頭に置いて考える）は、准組合員には与えられないままできている。

これまで述べてきたように、准組合員に共益権を与えないのは、非農民勢力の排除であり、現実的には准組合員に共益権が付与されることは考えにくいが、二軸論のもとで仮に准組合員に何らかの形で共益権の付与が行われるとどうなるか。

圧倒的に准組合員が多い状況のなかで、農協は農家以外の非農民勢力によって支配されることになり、農協は分裂してしまうか、農協でない組織に変質してしまう。農協関係者が恐れる、「庇を貸して母屋を取られる」事態となるのである。

この点については、准組合員の共益権に様々な制約を設ける案が考えられるが、農協が二つの目的を持ち、農協には二つの異質な組合員が存在すると考える限り、共益権の付与を具体化することは難しい。農協法第一条を改正しないままで二軸論を展開し、准組合員の意思反映として何らかの形で共益権を付与すれば、論理的には、農協は内部分裂を起こすことになる。

そうしたことが現実になることはあり得ないとしても、不可能と見通される農協法第一条の改正を前提に、二軸論を前提とした准組合員対策を考えるのは無責任とさえ言っていいだろう。

なお、北海道中札内農協では、かつて一九七二年に、農協が農業振興に専念するため農協の婦人部や青年部が中心となって生協をつくっている（二〇一二年解散）が、この例などは、二軸論の究極の姿と言っていいのではないか。

ちなみに、農協法の改正では、農協がこのような組織転換を行うことが奨励されているように思えるが、当時の中札内農協のように、地域の生活インフラが整備されていない状況のもとにある農協は少なく、組織転換を考える農協はほとんどないだろう。

全中の地域組合路線について、元龍谷大学の石田正昭教授は、二〇一四年一一月六日に全中が公表した「ＪＡグループの自己改革について」を次のように評している。

「そこでは組合員制度に関する二つの重要な提案が行われた。一つは、職能組合と地域組合の性格をあわせ持つ協同組合としての役割を『農協法上に位置付けることを検討する必要』と明記したことだ」。「もう一つは、これに関連して、准組合員を農業や地域経済の発展を支えるパートナーとして位置付け『准組合員の共益権のあり方等を含め、今後の組合員制度について法制度を含め検討』と書き込んだことだ」。「前者は農協法一条の目的規定、後者は同法第二章第五節の『組合員及び会員』規定の見直しを提案したもの」と考えられると解説し、これに対して政府からのゼロ回答が続いているものの、全中が提案した地域組合論（二軸論）を支持し、准組合員の共益権の付与のあり方にまで言及している（二〇一七年一〇月二〇日付け日本農業新聞）。

こうした論評について、読者はどのように考えられるのであろうか。ここまで本書を読み進められた皆様には、石田教授の協同組合に対する熱き想いは尊重されるべきものの、実際的には不可能であることがお解りになるであろう。

石田教授に限らず、農協論・協同組合を論ずる学者・研究者は地域組合論（二軸論）に立つ者が多い。それは、全中がそのような立場に立っているから、とりあえずそれに同調しておこうという気持ちが働くと同時に、「農業振興は必ずしも農協の目的ではない」という主張に見られるように、学者・研究者の意見は、常に協同組合の一般論に押し流されていくものであるからだ。

だが、政府組織や会社組織がそうであるように、協同組合組織も万能ではない。農業問題は協同組合より古くから存在する、より普遍的な問題であり、協同組合セクター論で述べられる、公的セクター（行政）や営利セクター（株式会社）、非営利セクター（協同組合）が総がかりで取り組まなければならない難問である。

こうした認識に立てば、農協は協同組合として各セクターと力を合わせ、ともに農業問題の解決に向けて総力をあげて取り組むべきであろう。

学者・研究者の皆さんの意見は、協同組合の重要性を指摘するもので、一面で心しなければならないものであるが、戦いの最前線に立ち、農協運動の旗を振る全中が、政府・与党が全面的に否定し、しかも、准組合員の事業利用規制問題を通じて自ら問題があると認識した地域組合論（二軸論）を押し立てて、今日まで来ていることはどうしたことであろうか。

(ウ) これからの准組合員対策の基本

二〇二一年六月の政府による「規制改革実施計画」では農協ごとに、准組合員の意思反映と事業利用の方針を策定し、それを農協のＰＤＣＡに繰り入れて農水省が指導・監督することになっている。

予想される農水省の指導・監督指針の改定の中では、肝心な准組合員の意志反映の内容については特段にふれることなく、あくまで農協の自主性に任せるとされるようである。

一方で全中は、今後とも地域組合（二軸）論に基づく農協運営を考えているところから、准組合員対策についても、農協運営について意見を聞くといった程度の漠然とした意思反映方策を続けることになるのは、ほぼ確実な情勢にある。

准組合員問題について、五年間の猶予期間を置くとして大騒ぎしたわりには、事態は以前と何も変わらないという結果に終わりそうである。中央会制度との関連で見れば、農協の准組合員対応はこれまで通り安堵され、中央会制度の廃止という事実だけが残ったということになったのである。

こうした事態をわれわれは一体喜ぶべきことなのであろうか。ここで思い出してもらいたいのは、政府・自民党が農協の准組合員対策の根底にある地域組合論（二軸論）を完全否定しているという事実である。しかもそれは、前回の農協法改正で実現していることなのである。

したがって、准組合員問題は何一つ解決されたわけではなく、いつ何時、今回と同じようなことが蒸し返されるとは限らず、われわれは、今後そうした影におびえながら准組合員対応を考えていくことになる。

こうした事情は、准組合員の事業利用規制問題が浮上してきた前後の組合員数の動向によく現れている。（表）に見るように、正准合わせた総体としての組合員数は二〇一八年度に初めて減少に転じている。

これまで農協は、正組合員の減少を准組合員の増加で賄ってきたものの、今回の農協改革で准組合員の事業利用規制問題が出されて以来、准組合員の加入促進は足止めを食らい、その結果、正組合員の減少を准組合員の増加で賄うという構図が崩れて、総体としての農協組合員数が減少とするという事態に陥っているのである。

第二九回ＪＡ全国大会では、「組合員の拡大とアクティブ・メンバーシップ」の確立が謳われているが、それはこうした事態に対する危機感の表れと言っていい。だが、本書で述べる通り、今まで通りの対策ではその対応は難しいと考えられる。

何よりも今までと同じやり方では、問題が再燃化するおそれがあり、准組合員の利用拡大を再開することはできないだろう。

（表）で見る通り、正組合員の年度の減少率は一・三～一・六％程度で大きな変化はないが、准組合員の年度増加率は二〇一四年度の三・四％をピークにして減少し、とくに農協改革での准組合員の事業利用規制提起の影響を受け、二〇一八～二〇一九年度は、〇・六～〇・七％の増加にとどまっている。

こうした事態の招来は、一律の准組合員の事業利用規制は免れたものの、実態は事業利用規制と同じ効果を生んできているともとれるし、同時に、今後、農協が組合員組織基盤の強化・拡大を進めていくには、国民に納得される大義名分のある、農をキーワードにした新たな農協理念の確立とそれに基づく准組合員対策の確立が求められていることを表わしているともいえるのである。

（表）農協の組合員数の推移〈単位：組合員数千人、年度伸び率％〉

年度	正組合員数	年度伸び率	准組合員数	年度伸び率	総組合員数	年度伸び率
2013	4,562	—	5,584	—	10,145	—
2014	4,495	98.5	5,773	103.4	10,268	101.2
2015	4,433	98.6	5,937	102.8	10,370	101.0
2016	4,368	98.5	6,077	102.4	10,444	100.7
2017	4,305	98.6	6,207	102.1	10,511	100.6
2018	4,248	98.7	6,243	100.6	10,491	99.8
2019	4,179	98.4	6,287	100.7	10,466	99.8

注）農水省「総合農協統計表」。表示単位未満を四捨五入したため、合計値と内訳の計が一致しない場合がある。

農協の准組合員の意思反映については、いまわれわれに二つの選択肢が与えられている。一つは、従来の二軸論に立って、農協は農業振興という目的の他に地域振興という別の目的があり、地域振興という目的を担うのは主に准組合員であるとして、農業振興以外の目的を持つ准組合員の意思を農協に反映するという道を選ぶことである。

この道はこれまで農協が選択してきたもので、取られるべき道ではない。それは、何よりもこの道を選択してきたから、今のような准組合員に対する批判が出てきているのであり、また、この道を選択すれば農協は農協ではなくなっていく恐れが強いからである。

だが現実には、第二九回ＪＡ全国大会議案に見られるように、農協は従来の二軸論に基づく准組合員対策を続けるように見える。再三述べるように、農業振興以外の目的を持つ大多数の准組合員の意思を農協に反映していけば、農協は農協ではなくなっていく。

そんなことはできない。したがって、准組合員の意思反映は、なんとなく准組合員の意思を取り入れようといった極めて中途半端なものになっていく。要するに、このような大騒ぎをした割には、農協の准組合員対策は従来と何も変わらないということになる。

この結果、何が待っているか。農協は准組合員批判をおそれ、これ以上の准組合員加入を進められないか、あるいはこれまで通り加入を進めていけば、世間に受け入れない准組合員対策として再び大きな批判を浴びるかの、どちらかの事態に遭遇することになる。

ほとんどの地域で生活インフラは整備されている、したがって政府としてはインフラが整備されていない地域を除き、准組合員制度は廃止したいという提案が出された場合、農協はこれにどのように対応するというのか。

政治力に頼るとしても、理論的根拠に基づかない組織擁護の要求は通用しないと見ておいた方が良い。

もう一つの道は、准組合員を農業振興に貢献する者として明確に位置づけ、准組合員の意識喚起と、あわせて国民的合意を取り付ける道である。農協は、この二つの道のどちらを選ぶべきであろうか、答えは明白であろう。

以下に、①新しい農協の経営理念の明確化、②准組合員の位置づけ、③准組合員の組織化と共益権、④准組合員の意思反映、について准組合員対策の基本を述べることにするが、その論理はすこぶる簡単なものである。

それは、農協は農業振興を旨とする組織であり、准組合員は農業振興のサポーターとして、農業振興や農業の基本価値（農・食・環境保全）の実現に向けて事業利用を行い、積極的に農協への意思反映を行ってもらうということである。

筆者によれば、こうした当り前のことを准組合員対策として押し進め、准組合の存在を、行政を含めて組織内外に理解を得ること、それがこれからの准組合員対策の基本であると考える。

そのことによって、准組合員の存在は農を基軸として大義名分を持って世間に受け入れられ、今後再び准組合員の事業利用規制などという問題がおきてこないようにしなければならない。

准組合員は農業振興に貢献する者であることを組織の内外に鮮明にすることで、今後、准組合員が増えてもそれが合理性を持って受け入れられるようにしなければならないのである。

また、それが中央会制度の廃止という代償に応える方策でもある。本格的な准組合員対策とはどのようなものか、以下にその内容について述べてみる。

①新しい農協の経営理念の明確化

それは、第一に、組織の内外に農協の存在目的を明らかにすることであり、これまでのように、農協は農業振興とともに地域振興を目指す組織であるという二軸論を排し、シンプルに農業振興を目的とする組織であると主張することである。

また同時に、農業振興の概念の中に、これまでのような農業が農業生産者の利害だけではない、産業としての使命（ミッション）である農業の基本価値の実現を加えることである。

今までのように、農業振興を農業生産力の増強と農業所得の確保という狭い概念に押し込めると、言い換えれば偏狭な職能組合論に立つと、これまでのような出口のない、あるいはすれ違いの議論に巻き込まれることになる。

前にも述べた、農業が持つ基本的価値の実現こそが、農協の准組合員問題を解決するカギとなるものである。農協の経営理念については、これを明確にしたものは必ずしもないが、(注)こうした農業が持つ基本価値の実現を考慮すれば、新たな農協の経営理念とは、たとえば、「農業振興と農業の基本価値の実現を通じた豊かな地域社会の建設」と言うことになる。

注　合併農協の運営理念としては「ＪＡ綱領」があり、その内容はどちらかと言えば農協を地域組合と位置付けているように思えるが、必ずしも明確な形で農協の経営理念が述べられているわけではない。

あるいは、「農業の基本価値の実現」は説明書きとして、もっとシンプルに「農業振興を通じた豊かな地域社会の建設」としていいかも知れない。また、「農と食を通じた豊かな地域社会の建設」としてもいいだろう。

「農」と「食」についての順番は、あまり意識されない場合が多いが、農協はあくまで農業生産者の組織なので、「農」を最初に出すべきだろう。「食」と「農」ではないのである。こうした些細なことにこだわることで、関係者の意識の改革と共通認識の醸成を図ることが重要である。

経営理念はあらゆる組織にとって、その考え方・目的を表すもので、もっとも重要なものである。農協も自らがどのような目的を持つ組織なのか、あらゆる機会を通じてよく考えておかなければならない。

およそあらゆる組織は、理念（目的）・特質（体質）・運営方法（ワザ）の三要素によって運営されるが、その大本になるのが理念である。

アメリカの経営学者のチェスター・バーナード（一八八六～一九六一年）は、組織成立の三要素として、①組織に対する共通の目的、②組織への貢献、③コミュニケーションをあげている。組織はこの三つの要素を持たない限り、単なる人間の集まり、烏合の衆になってしまう。

バーナードが述べる組織とは会社組織のことが念頭に置かれ、構成員は従業員を対象にしている。会社組織と違って、直接のガバナンスの対象が組合員に及ぶ協同組合にとっても、役職員・組合員を含めた組織成立の構成要素として重要な指摘である。

一方で、こうした農協の経営理念の表現の仕方については、趣旨さえ踏まえてあれば、農協ごとにいろいろ工夫されて良いものである。もちろん、農協によっては地域貢献が強調されてもいい。

農協はこうした新たな農協の経営理念を構築することで、第三章4の（3）の（表）「農業の基本価値と農協の取り組み課題（例）」で述べたように、新たな枠組みで様々なテーマを正准組合員一体となった農協運動で取り組み、協同組合ビジネスモデルを構築していくことが可能になると思われるのである。

このことについては、すでに第三章4の（3）で述べた通りであるので、今一度振り返ってみて頂きたい。

②准組合員の位置づけ

そして次に重要になるのが、准組合員の位置づけである。准組合員の位置づけのポイントは、正組合員の農業振興と准組合員の地域振興という異なる目的を一つにすることであり、これからの准組合員対策にとって欠かせない取り組みである。

正組合員と准組合員の目的が異なるという状況のもとでは、有効な准組合員対策を打ち出すことはできない。そうではなく、農協はその存在目的を農業振興とし、准組合員も農業振興に貢献する者と位置付けることで、准組合員対策は魔法の杖を手にすることができる。

准組合員の位置づけについては、全中は、かつて「農協が農業者に基礎を置いた組織であることを踏まえ、協同組合運動に共鳴し、安定的な事業利用が可能なものを中心に加入を進める」。〈第一五回全国農協大会～協同活動強化第二次三か年運動：一九七九（昭和五四）年〉として、准組合員を「協同組合運動に共鳴する安定的な事業利用者」としていたが、准組合員についてのこの定義が今日まで続いている。

だが、この定義では、准組合員は一般的な協同組合への加入者であり、農業・農協との関係が明らかにされていない。ここから、農業振興という目的を持つ正組合員と、必ずしも農業振興を目的としない准組合員という概念が生まれている。

ちなみに、農水省は、すでに二〇〇一（平成一三）年の農協法改正で、准組合員の定義について、それまでは地区内に住所を有する個人とされていたものを、農協の地区内に住所を有しないものであっても、農協から産直で農産物の供給を受けている者や農協が設置する市民農園を利用している者について、准組合員資格を与えることにしている。(注)

注　農協法による農協の准組合員資格（法第一二条第一項第二号）は、「当該農業協同組合の地区内に住所を有する個人又は当該農業協同組合からその事業に係る物資の供給若しくは役務の提供を継続して受けている者であって、当該農業協同組合の施設を利用することを相当とするもの」となっている。

このあたり、農水省は准組合員を、農協に先んじて農業振興に貢献する者と、はっきり方向付けをしているように思われる。

また、多くの組合員は、何らかの目的のために協同組合に加入するのであって、協同活動を目的として加入するものは少ない。

本書で述べる准組合員対策では、准組合員を正組合員とともに農業振興に寄与する者と位置付け、新しい農協の経営理念（目的）を、「農業振興と農業の基本価値を実現する」ことと考えているが、それでは、そのような考え方のもとでの、准組合員の定義とはどのようなものか。

この場合、「農業振興と農業の基本価値を実現する」のは、もちろん主役たる正組合員なのであり、そう考えれば、准組合員は、「正組合員とともに、農業の基本価値を実現する者」となる。それでは少し堅苦しいので、わかりやすくたとえば、「農の理解者・サポーター」と言ってもいいかもしれない。

本書では、サポーターとパートナーの意味合いの違いを取り上げ、准組合員はパートナーではなく農業振興のサポーターと考えるべきとも述べているが、准組合員の存在を正組合員と同じ農業振興のためと位置付ければ、准組合員を正組合員のパートナーと呼ぶのに何ら問題はない。むしろ、サポーターというより、パートナーと呼ぶのがふさわしいのかもしれない。

あるいは、「食とＪＡ活動を通じて地域農業の振興に貢献する者」（新たな准組合員対策～新世紀ＪＡ研究会報告・二〇一九年）という言い方もある。(注)

注　新世紀ＪＡ研究会（代表　三角修：ＪＡ菊池（熊本県）代表理事組合長）は、二〇〇六年にＪＡしまね県一農協の萬代宣雄初代代表理事組合長によって結成された農協の自主的な研究活動組織である。

定義の表現の仕方はじっくり検討すればいいが、いずれにしても、その意味するところをしっかり理解して、全国一律の新たな准組合員の定義づけを行うことが重要である。それが全中の役割であり、出番である。(注)

注　准組合員の定義について、全中は、第二九回JA全国大会議案で、准組合員を「正組合員とともに、地域農業や地域経済の発展を支える組合員」と定義し直したが、ここでも、准組合員の目的を地域農業と地域経済の発展の二つに分けている。
なぜここまでして准組合員を正組合員とは別の存在と位置付けるのか、筆者には理解ができない。前にも述べたが、これではかえって現場に多くの混乱を招くことになるのではないか。

実際に、筆者は地元農協の准組合員であるが、准組合員から見て農協に期待するものは、住宅ローンの借り入れなどの事業利用・加入の動機は別にして、主に農と食にあることがよくわかる。准組合員のほとんどは、協同活動に意義を見出したから農協に加入するのではなく、まして農協が生協や信用組合の役割を果たすことなどを望んではいない。

多くの准組合員は、ただ便宜的に准組合員になっただけであり、そうした状況のなかで准組合員を農協につなぎとめるとすれば、農と食、環境問題等の農業が持つ基本的価値の実現を前面に出し、そのことをテーマにして交流していくことが効果的であろう。

筆者が准組合員として農協に望むことは、安心・安全な地元食材の提供であり、それはもとより、とくに孫の代に対して、学童教育や夏休みこども村、体験農園などを通じた自然に対する情操教育である。

ともあれ、正組合員と准組合員が同じ目的を持たなければ、准組合員対策は進めようがないのである。

付言すれば、准組合員が実際の農業に携わるかどうかは本質的な問題ではないのであって、この点、准組合員は、信用・共済事業の利用によって農協経営に貢献し、農業の基本価値の実現に役割を果たす存在であると説明することもできる。

だが、准組合員をどのように定義するにせよ、それは農協にとっての都合であるのに過ぎず、農協が農業振興に全力をあげることを、地域の多くの人に知ってもらうことがすべての前提になる。

農協の正組合員と准組合員が一緒になって農業振興に取り組んでいるという意識が農協内で共有され、それが組織内外に明らかにされることで初めて、農協の准組合員対策はその目的を達成することができる。

③准組合員の組織化と共益権

准組合員の位置づけ・定義が決まることで正組合員と准組合員の共通認識ができたとして、次に取り掛かるのが准組合員の組織化である。

もちろん、その前提として、准組合員加入者もしくは加入申込者に対して、農業振興貢献に関する意思表示の一札をとっておくことも必要だろう。組織化については、前に述べた農業の基本価値の実現に向けて、様々な部会組織をつくっていくことが考えられる。

地元農産物を買い支えることを目的とした「農業振興クラブ（仮称）の結成」、「農産物直売所を利用する会」、「学校給食を有機農産物にする会」、「遺伝子組み換え食品等農産品の安全性を考える会」、「体験農園・市民農園等農業に触れ合う会」、「夏休みこども村等学童教育の会」、「健康レシピの料理教室」、「農福（泊）連携の会」、「SDGsを日常的に進める会」、「みどり戦略を進める各テーマごとの部会」、「農産物のタネを考える会」、「ゴルフクラブ・囲碁の会など農産物を賞品とする各種スポーツ・趣味の会」等々農業に関する准組合員のニーズを掘り起こし、これを組合員の主体的な協同活動として取り組めばいい。(注)

注　地元農産物の買い支えについては、もっと注目されていい。農協が安心・安全で割安な地元農産物を渉外活動のついでに准組合員のもとに届ければ、それをいやだと言う准組合員は少ないだろう。買い取りや委託販売という発想だけでなく、物流経費を節約した地元農産物の販売は、協同組合ビジネスモデルの構築として魅力的ではないかと思えるが、こうした発想はしょせん素人の発想のものであろうか。西欧諸国では、こうした農産物の買い支えは広く行われている。

これらの活動については、特別に組合員組織をつくらなくても、すでに何らかの形で、准組合員の意思反映として農協で取り組みが進められているものも多いが、ここでのポイントは、そうした取り組みを食と環境問題などの農業が持つ基本価値の実現という正准組合員共通の目標のもとにおくことにある。最初は生産部会、生活部会、女性部、青年部などの既存の各種組合員組織の中で正組合員と准組合員が一緒になって取り組むことからはじめても、もちろんいい。

要は、准組合員が農の理解者・サポーターとして位置付けられ、正組合員とともに農業振興に向けた活動を行っていることが内外に明らかにされていくことが重要である。

また、活動内容の交流のため、農協ごと都道府県ごと全国域に准組合員連絡協議会が結成されてもいい。いずれにしても、その実現には、鋭い問題提起力を持った事務局体制が不可欠だ。

この問題は優れて実践的な課題である。以上のような取り組みを通じて、農協は准組合員とともに農業振興に取り組む組織であることを内外に明らかにすべきと思う。

付言すれば、これまでにも都市部を中心に、准組合員部会の取り組みが進められた経緯があるが、いずれも立ち枯れの形に終わっている。その原因の主たるものは、部会の目的が当を得ないか、明確でなかったことによるものと考えられる。

農協の部会であるのにもかかわらず、農業振興とは関係のないことを目的とする部会は、長続きしなかったのであろう。

そして最後に、准組合員の共益権の問題がある。その最たるものである議決権についてどのように考えるか。参加と民主主義を標榜する協同組合たる農協の准組合員に議決権が与えられないのは本来的な姿ではない。

結論から言えば、准組合員にも何らかの形で共益権が与えられることで、准組合員対策は十全なものになると考えられる。

問題は共益権付与の形であるが、准組合員が農業の基本価値の実現に寄与する存在であるとしても、農業振興の主役である正組合員とは一線を画す措置が必要と思われ、そのための具体策として、①准組合員に対する二分の一議決権の付与、②准組合員への拒否権付き議決権の付与等が考えられる。このうち、准組合員への正組合員の拒否権付き議決権の付与が現実的な対応と思われる。

拒否権付き議決権とは、例えてみれば、国連における拒否権を持つ常任理事国（正組合員）と非常任理事国（准組合員）の関係に置き換えてみるとわかりやすいかもしれない。

農水省も、准組合員存在の目的が農業振興にあるということになれば、非農民勢力の排除のために一方的に共益権に制限を加える理由がなくなり、制限付きの共益権付与に前向きになれるのではないか。

この点については、農協のガバナンスの基本にかかわることでもあり、実情に応じてよく研究したうえ、組合員合意の上で実施すれば良い。もちろん、この点についても、できれば全中が統一的な取り組み指針を作成して進めることが必要であろう。

④准組合員の意思反映

（ⅰ）取り組みの基本姿勢

前にも述べたように、二〇二一年六月の政府による「規制改革実施計画」では農協ごとに、准組合員の「意思反映」と「事業利用の方針」を策定し、それを農協のＰＤＣＡに繰り入れ、農水省が指導・監督することになっている。

このうち、准組合員の事業利用の方針については、農協は、「准組合員を農業振興に貢献する者と位置づけ、事業利用を進める」と明確にすべきだろう。

准組合員の事業利用規制問題が持ち上がり、農協には准組合員の事業利用に躊躇する向きもあるが、准組合員を農業振興に貢献する者と位置付ければ、再び准組合員の加入推進をはかることができる。

一方で、農水省の指導・監督指針の改定の中では、肝心な「准組合員の意思反映」の内容については特段にふれることなく、あくまで農協の自主性に任せるとしている。

准組合員の意思反映が持つ意味や、その意義については、すでに述べた通りである。ここでは意思反映の取り組みについて、さらに踏み込んで考えてみたい。

第一に考えるべきは、意思反映に取り組む姿勢である。農協の現状は、全中が新たな統一的な准組合員対策を打ち出さないためか、農水省が求めている訳でもないのでこれまで通り漠然とした意思反映をしておけばいい、またその方法もできるだけ機会を広げておけばいいと言った程度の姿勢で臨む雰囲気が強いように思われる。

だが、農協はしたたかにこれを農協運営転換の好機として捉え、積極的に意思反映に取り組むべきだ。政府による「規制改革実施計画」での農協ごとの、准組合員の「事業利用の方針」と「意思反映」の策定・実践は、農協にとって格好のビジネスチャンスと捉え、新たな准組合員対策元年として位置付けて取り組むべきであろう。

それには全中が二軸論を排し、明確に准組合員を農業振興の貢献者とする新たな准組合員方針を掲げ、これを全国運動として展開し、准組合員の事業利用と意思反映方策を具体的に農協のＰＤＣＡの中に組み入れていくことが求められる。

一方で、全国的な情勢からそれができないとすれば、農協ごとに可能なところから、本書で述べるような准組合員対策を積極的に進めていくべきであろう。いずれにしても取り組みには、事務局段階でのしっかりした方策の確立と、組合員を巻き込んだ活発な議論が必要になる。

農協・正組合員が、准組合員を真の意味で農業振興の仲間として受け入れ、ともに歩もうという覚悟を持てば、農協の准組合員問題は解決し、農業発展の新たな契機を掴むことができものと考えられる。

今や農協の取り組みは、その他のことを含め、全体が動いてからついて行けば良いという状況ではない。農協は自分の頭で考え、良いと思ったことは他に先駆けてどんどん取り組みを進めることが重要である。

(ii)　意思反映の内容

次に考えられるべきは、どのような意思を反映するかということである。意思反映には、「どのような意思」を「どのような方法」でという観点が求められるが、まずはどのような意思なのか、意思の内容について考えてみる。

結論から言えば、農協は、准組合員の意思を「農業振興に貢献する意思」として一本化することである。具体的には、すでに述べた、農業の基本価値を実現するための様々な意見である。

そうすることで、准組合員の意思は農業振興に貢献する意思として統一され、すべてが有効なものとなっていく。

その意味で、准組合員の意思を「農業振興に貢献する意思」とすることは決定的に重要であり、准組合員問題解決の魔法の杖となるのである。

この点、二軸論に立てば、准組合員には農業振興と地域振興の二つの意思が存在することになり、これまで述べたように有効な准組合員対策とはなりえない。

こうした准組合員の意思は、大きく、①農協の運営に関する意思と、②事業に関する意思の二つに分けることができる。また、②の事業に関する意思は、営農・経済事業を通じた直接的な意思と信用・共済事業等を通じた間接的な意思に分けることができる。

(iii) 意思反映の方法

次に考えなければならないのは、「どのような方法」で意思反映するかということである。意思反映の方法は、①公式組織（法律で定める総会、理事会等）、②非公式組織（各種運営委員会、組合員組織等）③アンケート、SNSなどを通じた意思反映の他、④事業利用を通じた意思反映がある。

これらの場を通じた意思反映は、すでに各農協で様々な形で実際に行われていることが多い。農協では、まずはこれまでに取り組んできた意思反映の実態について整理することが必要だ。

その際、繰り返しになるが、准組合員の意思を「農業振興に貢献する意思」として位置付けて再整理してみることが重要だ。そうすることで、これまでの准組合員の意思反映対策は統一されたものとして、それぞれ有効なものになっていく。

さらに、そうした実態を踏まえ、新たに踏み込んだ准組合員の意思反映方策を考えていけばいいだろう。

(iv) 意思反映の効果・効用

最後に准組合員が農協の事業を利用することの効果・効用について述べておきたい。准組合員が農業振興への貢献で得るメリットは、まずは安心・安全な農産物の提供であり、それは農産物直売所の利用等で明確になる。

准組合員の農業振興貢献の第一歩は農産物直売所の利用であり、とりあえず直売所における准組合員の利用状況をＫＰＩ（重要業績評価指標）にすることは有力な方策となろう。

この他農福・農泊連携事業など農協の様々な活動や事業を通じたメリットがあり、そうしたメリットをできるだけ組合員目線で可視化して把握しておきたいものである。

また、准組合員の事業利用を通じた意志反映については、要するに准組合員のニーズに応えることを通じた農協の事業利用の把握であり、そのことを通じて営農・経済事業への貢献や安定経営への貢献を把握していくことが重要である。

具体的には、直売所の利用など営農・経済事業の利用による農業振興への直接的な貢献もしくは、信用・共済事業など営農・経済事業以外の事業を利用することによる間接的な農業振興への貢献を把握しておくことである。

信用・共済事業の利用について、その収益を営農・経済事業にあてることは、一方で、信用・共済事業収益への依存経営ともとれるが、准組合員を農業振興に貢献する者と位置付ければ、准組合員の信用・共済の事業利用は、営農・経済事業（農業振興）への貢献と説明することができる。

実際、全国で一，〇〇〇億円を超える営農指導の経費の多くは、准組合員が多く利用する信用・共済事業の収益で賄われている。

以上の准組合員の意思反映方策については、一人合点にならぬよう、農協内で議論を重ねてコンセンサスをつくり、それをもとに、ＰＤＣＡの指導・監督を通じて行政にも広く認知してもらい、農業振興への共通認識を持つことが重要である。

もちろん、こうした取り組みを通じて、言葉だけでなく農協が真剣に農業振興に取りくんでいる実績づくりが前提となる。

ＪＡ京都グループでは、准組合員対策について、正准組合員を区別しない取り組みが進められているが、農協法上、両者を同等に扱うことはできない。むしろ、正准のそれぞれの立場の違いを認めた上で、これまで述べてきたように、准組合員を農業振興に貢献する者と位置付け、正准組合員の目的を一致させれば、全国に先駆けた京都発の新たな准組合員対策として大きく前進させることができるだろう。

(エ)立ちはだかる二つの壁

以上が、筆者が考える今後の准組合員対策のシナリオである。だが、このシナリオには二つの大きな壁が立ちはだかる。一つは、他ならぬこれを実施する農協側の事情である。

筆者は、そもそも現在農協がとっている地域組合論（二軸論）の路線を、農協の農業振興に対する難しさの言い訳と准組合員排除の考えに、協同組合社会一般の実現を期待する農協論の学者・研究者の考えが重なった結果の産物と考えている。

そしてそれは、何よりも農協の信用・共済事業の伸長を正当化する議論であり、とりわけ、農協が営農・経済事業に特化することで経営が行き詰まるという恐怖感には抑えがたいものがある。

農業振興は言うはやすく現実は厳しい、そこで考えられたのが、農協は農業振興だけの機能を果たしているわけではなく、信用・共済事業等を通じて地域振興の役割を果たしているという主張である。言い換えれば、二軸論は農協の経営体維持の要請から唱えられるものと言っていい。

また一方で、農家は、農業振興は自分たちだけで行うものであるというプライド、悪く言えば排除の考えを持っている。それは、農家が農地の所有者であること、また地域の共同体のメンバーであることなどに由来している。

したがって、農協が准組合員の信用・共済事業の利用によって地域振興の役割を果たしていると言っても、准組合員の存在を真に受け入れているわけではない。

この点、全中（農協）がとっている、農協は農業振興と地域振興の二つの目的を持つという二軸論は、実はよく考えてみれば、その背後に農家たる正組合員にとって農業振興は、自分たちだけのものという准組合員排除の考えがある。だから、農協が二軸論から脱却することが難しいのである。

農協・農家にとっての准組合員は、「由らしむべし、知らしむべからず」の存在なのであり、まずはこうした正組合員たる農家、及び農協自身の、「准組合員とともに農業振興をはかろう」という意識改革を果たさなければならない。

もう一つの壁は、准組合員の側の事情である。准組合員のほとんどは、協同組合運動に共鳴したわけではなく、農業の基本価値の実現に寄与するために農協に加入する訳でもない。

農協が近くにあるから、知り合いに農協の関係者がいてなんとなく安心できそうだから、という理由で農協の住宅ローンの利用を思いつき、その際、農協から准組合員としての加入を勧められたという人が多いであろう。

したがって、准組合員にとっての農協は、単なる事業利用の対象でしかなく、自身がメンバーであるという自覚はない。そうした事情を反映して、多くの農協では、准組合員に対して、まずは農協の活動を知ってもらおうという努力を始めたばかりの段階にあり、今後気が遠くなるような啓発のための取り組みが待っている。

筆者は、准組合員全体に網を掛ける取り組みも必要だが、基本は主に農と食に関心のある准組合員を点で捉え、それを面的に広げていく作戦が有効と思っている。准組合員を農協の単なる顧客として捉え、上から目線で行う准組合員対策は功を奏さない。

准組合員対策については、正直なところ、正組合員も准組合員も本気になってこれに取り組む意識は希薄であるといっていい。それどころか、農協によっては正組合員の意思反映さえまともに行われているのか覚束ないといった現状にもある。

だから、JA全国大会議案でもアクティブ・メンバーシップが謳われているのであろう。したがって、准組合員の事業利用や意思反映問題をきっかけに、組合員との対話を盛んにすることが重要と思われる。まずは正組合員の意思反映、次に准組合員の意思反映という発想では組合員との対話は進まない。それぞれの対話は相乗効果を生むという発想に立って、できるところから速やかに手を付けるべきであろう。

農協は協同組合なのだから、意識ある准組合員に働きかけ、自主的な組織運動として准組合員対策を仕掛けるべきであると思う。

いずれにしても、全国で六〇〇万人を超える准組合員対策の本格的な展開は容易ではない。

以上に述べた二つの壁を乗り越えるためには、農協陣営には、相当の覚悟がいる。もちろん個別農協での取り組みが基本になるが、確固たる全中の方針確立が望まれる。

加えてこの問題は、農協だけの取り組みでは限界があり、農水省の力を借りなければならない問題である。これまでにも述べたように、農協は自主改革を進める力の弱い、極めて保守的な組織である。

本書で述べた農協改革の考え方を是とするかどうかを含めて農協陣営は、農水省・都道府県など行政と大いなる議論を戦わせ、意思疎通をはかり、共通認識を持たなければならない。行政の力なくして農協改革を進めるのは難しいのである。

准組合員問題は大変難しい問題であるが、今後の取り組み次第では、農協の一，〇〇〇万人組合員による、国民に開かれた新たな農業振興・農協運動展開の可能性を秘めているテーマでもある。全中による、抜本的な准組合員対策の提案を期待したい。

准組合員対策確立の意義は、これまで述べてきた正組合員の准組合員に対する疑心暗鬼、准組合員の真の意味での農業・農協参画へのとまどい・遠慮の念の払拭にある。正准組合員が力をあわせて農業振興に取り組むことこそがこの対策の肝である。

3 全中組織のあり方

(1) 経過

全中は中央会制度の廃止により、二〇一九年九月末をもって一般社団法人となった。これに伴う組織の変質内容は、「第二章の中央会制度の廃止」で述べた通りである。今後の全中組織のあり方を考えるにあたり、ここでも出発点になるのは、二〇一四年一一月に公表された全中による「ＪＡグループの自己改革」である。

この自己改革案では、中央会について、「生まれ変わる新たな中央会」としてその内容をまとめている。また、生まれ変わる〈二つのポイント〉として、①現行の統制的な権限の廃止などにより、組合員やＪＡのための自立的な制度へ、②組合員やＪＡが求める機能に集約・重点化するとした。

そして①については、ア、法律に基づく統制的権限の撤廃、イ、ＪＡが求める自律的な組織への転換、②については、ア、三つの機能〈経営相談・監査機能、代表機能、総合調整機能〉に集約・重点化、イ、県・全国の一体的運営の強化と効率的な組織運営・事業展開の徹底をあげた。

また、〈新たな中央会の機能発揮のポイント〉として、①「事前指導型」から「経営相談（コンサル）・

事後点検型への転換」、②協同組合の特質を踏まえた監査制度としての品質の向上、③代表機能として求められる政策企画・責任ある政策推進の展開、④新農政の実現・地域活性化などに向けた「新たな中央会」での一層の総合調整機能の発揮などをあげている。

前にも述べたが、この時点ですでに、農水省から全中へ中央会監査の廃止通告がなされており、その内容は一言でいえば、監査は別にして、内容はすべて農水省の言う通りにするから制度だけは残してくれという、危機意識一杯の、一種悲壮感を伴うものであった。

こうしたまとめは、当時の全中が置かれた苦しい立場を考えれば、誠にやむを得ないものであったと推察できる。このようにして、いわば農水省に対する嘆願書的な内容でまとめた中央会の自己改革案だったが、その答えは、無慈悲にも、農協法改正による第三章の中央会に関する規定の「削除」の二文字だった。

こうして、戦後の農協運動を牽引してきた中央会制度（中央会監査を含む）はその歴史的使命を終え、幕を閉じたのである。農協関係者にとっては、取り返しがつかない、誠の痛恨事であったと言えるが、それは明らかな事実である。

だが問題とされるべきは、その明らかな事実を踏まえた、全中が主導するその後の展開である。この点について、おおよそ二つの観点から疑問符がつけられる。

一つは、全中が取り組む将来の方向付けの問題である。全中は、自らの組織の法的根拠を根底から失ったのだから、原点にもどって、これまで中央会が果たしてきた基本機能について点検し、なぜその本来機能を果たすべく将来方向を決めなかったかということである。

このことについて、自己改革案全体についていえば、全中は政府が全面的に否定している地域組合路線を、それに抗して引き続き取り組みの柱にしているのに対し、なぜか中央会に関する内容については、嘆願書的と思えるほどにへりくだった内容をそのまま将来方向に書き込んでいる。この辺り、誠にチグハグな対応というべきではないのか。

全中は自らの制度的基盤を失ったのだから、一般社団法人として本来中央会が果たすべき役割を、もっと自由に決めていいし、そうすべきであったと思われる。

筆者によれば、地域組合路線に代わる新たな農協の経営理念に基づく農協運動の確立・展開（新総合JAビジョンの確立）と、一般社団法人たる全中を中心とした新たな運動体制の確立こそが重要だったと思われるのである。

二つ目は、その後の全中の取り組み姿勢を見ると、本来果たすべき協同組合運動の司令塔というより、農政運動に著しく傾斜して行っていることである。窮地に陥った全中は、これまでに述べてきたように、協同組合運動の司令塔というよりも、手っ取り早い農政運動に活路を見出しているようである。

(2) その行くえ

以上の認識を踏まえ、全中の行く末を考えてみたい。全中は、一般社団法人化するにあたり、①組合員やJAの共通の意思を結集・実現する代表機能、②地域・事業間連携でJAグループの総合力を発揮する総合調整機能、③JAの組織や事業、経営を支援する経営相談機能を果たすことを組織理念として定義した。

そして、事業としては、農協法に基づく監査、指導は廃止して、①ＪＡの経営支援の強化、②農政・広報事業、③情報システム等に特化していくという。

この方向をどのように考えるか。代表機能や総合調整機能の発揮については、改正農協法の附則に盛り込まれたこともあり、誰しも疑問をはさむ余地はない。

だが、内容は極めて抽象的なものであり、すべては今後の全中の実力次第ということになる。

問題は事業の中身である。なぜその内容をＪＡの経営支援の強化（経営相談）や農政・広報事業等に特化していったのだろうか。筆者には、こうした事業は、何よりも他の事業に比べて対価性（費用対効果）が比較的はっきりした事業内容に思える。

要するに会費徴収にあたって、会員に説明がつきやすい内容を選んだと思われるのであるが、そうした見方は偏見であろうか。

すでに、第二章2で述べたように、かつての中央会制度における経営指導・教育・情報提供（広報）の事業は三位一体の事業であり、この事業を一体的に行うことこそが、中央会が中央会たる所以のものであり、農協運動を保障するものであった。

関連してこれからは中央会の事業は、指導ではなく調整という議論があるが、指導か調整かは議論の本質ではない。これまでもこれからも、経営・教育・情報提供（広報）が一体となって、開発すべき、もしくは現場で開発された協同組合の組織・事業・経営モデルを確認し、それをお互いが学びあい、内外にそれを発信・広報していくこと、そしてそれを農協運動として展開していくことこそが中央会の基本機能でなければならないと思う。

今後の農協の経営問題に関する事項は、全中に代わって農林中金が行うなどともいわれるが、総合事業を営む農協にとって各種事業を統合して協同組合ビジネスモデルを開発・啓発し、これを農協運動として展開していけるのは全中しかない。

今回こうした認識（中央会制度廃止の教訓）は、全中には乏しいものと見受けられ、経営指導は経営相談に置き換えられ、教育事業は柱から外された。中央会制度のもとでの従前機能の発揮は無理としても、経営相談・経営コンサルタント事業で全中は機能を果たしていけるのだろうか。

経営コンサルタント事業を行う企業は世の中に山のように存在する。この点、廃止された中央会制度における経営（指導）・教育・情報提供（広報）の三位一体の事業展開こそが会費徴収の大義名分でなければならず、これで全中は誇り高き協同組合運動の指令塔の役割を果たして行けるのであろうか。大変危惧されるところである。（注）

注　筆者は中央協同組合学園最後の学園長を務めた。学園本科生の募集停止には伏線があり、そこには時代の変遷に合せた協同組合大学院大学（仮称）の構想があった。後にこの構想は、全中理事会で承認されるも、現在まで実現に至っていない。

次に問題とされるのが、全中の農政運動・政治活動への傾斜である。これまで見てきたように、全中は本来アンタッチャブルであるべき政治活動に実質的に大きく足を踏み入れてきた。

その結果、参議院の全国比例代表として二人の国会議員を出している。これは全中を頂点とする都道府県の中央会が実質的に選挙活動に携わることで得た結果で、それは全中がつくり出した農政運動としての一種の政治モデルといっていい。

この結果として全中が辿っているのは、言葉は適切ではないかもしれないが、ロビー活動（政治家等に対して行われる各種団体や陳情団などの働きかけ）団体への道である。

もちろん一般社団法人の全中は政治団体ではないのであって、政治活動には一線を画すべきは当然であるが、全国農政連を看板に、実際の政治活動の多くを担う体制を作ってしまった今、この実質的な体制は今後とも続くと思われる。

だが、こうした取り組みの方向は、協同組合の司令塔たる全中の機能を弱め後退させることになるだろう。これまでに見てきたように、既得権益擁護の農政運動は真の農協改革について、全中・農協自らが考えることをしなくなるからである。

一方で、皮肉にもこうした政治活動への介入によって中央会制度が廃止され、そのことによって中央会の体制が弱体化し、この政治モデルがいつまで続くかということが懸念される状況にもある。

この他に、自民党だけを頼りに農協運動を続けて行けばよいのかという問題もある。競争本位の政権運営に歯止めをかける役割を持つ協同組合としての農協の政治姿勢は、自民党一辺倒ではなく、広く野党を含めた政治勢力の結集が基本とされるべきであろう。小選挙区制のもとで、困難ではあるが農協としてしたたかな対応が求められている。

さらに、いま全中がとっている選挙対策は、全国比例代表による自民党の名簿登載というものだが、これで本当に味方になる議員を選ぶことができるのだろうか。カネも票も組織に頼る選挙で選ばれた議員は、独自の政治信条を持ち、個人の力で選挙戦を戦う本来的な意味での政治家とは言い難く、その限界を知っておくべきである。

そのあたりの事情を考えれば、組織代表の議員を選ぶとしても、その人選は慎重であるべきで、選ばれる議員は、真の意味で助け合いの精神を持つ社会の奉仕者でなければならない。

この点、小選挙区制のもとで農協の本当の意味での利益を代表する候補者を選ぶには、全中ＯＢの農政関係担当者が指摘するように、政党を超えた候補者個人の資質・実力によって選ぶのも有力な選択肢とすべきであろう。

翻って、全中が協同組合運動の司令塔の役割を果たすには、会員農協の全中に対する信頼と支持、またそれに応える全中の圧倒的な提案力が必要となる。

もはや、全中にとって、農水省という錦の御旗はないのである。全中が果たすのは代表機能や総合調整機能と言っても、それはプラスの面ばかりではない。会員たる農協のみなさんはしたたかで、自らが農協改革を進めない理由を全中のせいにすることなどは朝飯前のことである。

全国連もそうであり、都合の悪いことはすべからく全中のせいにされる。それがまた、全中に会費を支払う理由になっているように思える。全中が今、アンケートをやっているから准組合員対策は後回しでよい、あるいは、全中の方針通りに准組合員対策を進めているから農協独自の対策を考えるのはいかがなものか。種子法の廃止など、農政に関わることは全中に任せているから全国連は表に出ない、「みどり戦略」は農協の肥料・農薬の取り扱いが減るから進められないなど、自らが改革に取り組まない口実を全中のせいにされる。

総じて農協は自主・自立・改革意識の弱い組織であって、これまで取り組んだ中央会主導の米の生産調整、農協合併など、農水省の後ろ盾があって初めて可能となった事柄が多い。

だが、いろいろな事情があるにせよ、農協には全中にしか代表機能や総合調整機能を果たす組織はないのであって、全中は自信を持って新たな時代の農協運動の指令塔たる道を切り拓いていってもらいたいものである。それが筆者の切なる願いである。

農協の代表機能・総合調整機能を持つ、かつての中央会制度のような指導組織は、もう農水省はつくってはくれない。今後農協自らが、試行錯誤の中でつくっていくしかないのである。

農協改革の軌跡（関連事項を含む）

年	月	事項
２０１４年	５月	「規制改革会議の農業ワーキング・グループの提言書」公表
	〃	農協改革対応の自民党合同会議の開催
	６月	「規制改革実施計画」の閣議決定
	９月	全中　ＪＡグループの自己改革に関する有識者会議の開催
	11月	「ＪＡグループの自己改革案」の公表
	12月	第47回衆議院総選挙
２０１５年	２月	中央会制度廃止を含む農協法改正案（骨格）の受諾
	〃	安倍総理　国会で農協改革の所信表明
	４月	改正農協法の国会審議開始、万歳全中会長・同冨士専務辞意の表明
	８月	奥野全中会長就任
	〃	改正農協法成立
	10月	第27回ＪＡ全国大会「創造的自己改革への挑戦」
２０１６年	３月	ＪＡバンク基本方針の改定（事業譲渡対応の情報システムの構築）
	４月	改正農協法施行
	７月	参議院選挙（藤木眞也氏当選）
	11月	規制改革推進会議の意見（委託販売の廃止と買い取り販売への転換等）
	〃	「農林水産業・地域の活力創造プラン」の改定
	12月	環太平洋経済連携協定（ＴＰＰ）批准国会決議
２０１７年	３月	全農・農協改革の年次プランを決定
	４月	「魅力増す農業・農村の実現のための重点事項等具体策」ＪＡグループ
	５月	農業競争力強化支援法成立

農協改革の軌跡（関連事項を含む）

	6月	みのり監査法人設立
	7月	全中・1，000万人組合員のアンケート調査の決定
	8月	全中・中家会長就任
	10月	第48回衆議院総選挙
2018年	3月	第28回JA全国大会「創造的自己改革の実践」
	4月	主要農作物種子法廃止
	6月	准組合員の事業利用は「組合員の判断」（自民党二階幹事長発言）
	8月	「組合員の判断」自民党が決議
	12月	TPP発効
2019年	2月	EUとの経済連携協定（EPA）発効
	5月	農協改革集中推進期間終了
	7月	参議院選挙（山田俊男議員3選）
	8月	農林中金への事業譲渡意見集約
	9月	全中・一般社団法人に移行
	〃	日米貿易協定最終合意
2020年	6月	会計士監査（2019年度決算）開始
	7月	全中・組合員調査の結果公表
	8月	全中・中家会長再任
	12月	種苗法の改正
2021年	3月	准組合員事業利用規制検討期間終了
	4月	種苗法施行
	6月	「規制改革実施計画」閣議決定
	10月	第29回JA全国大会

注）筆者作成

あとがき

本書は、大きく次の三つのテーマを扱っている。それは、①協同組合・農協と政治の問題、②協同組合・農協の理念（考え方・目的）の問題、③協同組合・農協経営論の問題である。

最初の問題意識は、①の政治の問題であったが、それはごく自然に、②と③の問題に向かっていった。とくに、農協の経営理念については、そのことが最初から筆者の問題意識の中にあったわけではない。

①の協同組合・農協と政治の関係については、協同組合原則における基本命題であり、農協改革との関連でそのあり方を述べたものである。

農協と政治の関係について、かつて全中会長を務め、山田俊男参議院議員を全中の常務・専務として起用した原田睦民氏は、衆議院議長、文部大臣などを歴任した灘尾弘吉氏を師と仰いだほどの生粋の自民党員（広島県議会議員・副議長）であったが、自身の政治経験から、農協が政治に介入するべきではないというのが持論であり、まして全中が直接政治にかかわることがないよう遺言にまでしていた。

また宮城県農協中央会会長を務めた駒口盛氏も、かの宮脇朝男元全中会長も農協運動の政治的等距離を信条としていた。この他、協同組合と政治の関係については、一定の距離を置くべきであるとする見解をもつ農協指導者は多い。

筆者の知る限り、日本においても世界でも、一流の協同組合運動家は政治とは一線をおき運動に専念している。

②農協の理念と、③農協経営論にかかわる問題については、いま農協が直面している最大の課題である。この点について、正直なところ、筆者もかつては、どちらかといえば、地域組合論者であった。だが、准組合員の利用制限問題と引き換えに、空気のごとく当り前と思っていた中央会制度が誠にもろくも崩れさるのを目の当たりにして、全中に籍を置いた者としてこれは大変なことだと実感した。ことここに至って、少なくとも地域組合論では無理だということに気づかされたのである。それは理屈と言うより、長年全中に籍を置いた者としての勘と言っていいかもしれない。

准組合員問題は、農協の経営理念を含めて農協組織が持つ根本問題が凝縮された問題であり、この問題と引き換えに中央会制度を手放したことで農協及び関係者もそのことを認めているはずである。

本書で提起している内容は、今からでも取り組んでも遅くない農協が挑戦すべき課題であり、また農協だけでは解決が難しく農水省の力が必要な課題でもある。議論を重ねて、ともに良き農協の将来像をつくり上げてもらいたい。

幸い、中央会制度廃止というやり過ぎ感や、金融情勢などの諸情勢が味方したこともあってか、あるいは関係者の努力によって、一律的な上からの准組合員の事業利用規制は、当面何とか免れることができた。だがこの問題は、のど元過ぎれば熱さ忘れるといった性格の問題ではない。与えられた猶予期間を有効に使い、新たな展望を切り開いていかなければならないと思う。

本書で提起している新たな農協の経営理念、いわば「新総合ＪＡビジョンの確立」については、農業振興はそう簡単なものではない、正組合員対策もままならないなか、まして本格的な准組合員対策などに手を回すことはできない、などの声が聞こえてきそうである。

だが困難であっても、今後農協が発展していくためには、避けて通ることができない道である。本文でも述べたが、組織活動は、正組合員の次が准組合員というものではない。

両者は一体のものであり、正組合員対策ができない農協は准組合員対策もできず、逆に准組合員対策ができない農協は正組合員対策もできない。

戦後の農協運動を牽引してきた中央会制度を放棄した代償に、そのことから、われわれは多くの教訓を学ばなければ、帳尻が合わないと考えるのは筆者だけではないだろう。否、それだけではなく、農協陣営は、農協改革について、ピンチをチャンスに変える最大の好機にすべきではないかと思う。

言い過ぎた面があれば関係の皆様には何卒ご容赦を頂きたい。半面で、現実の展開はもっとドラスティックで、背後にはこの程度の内容では言い尽くせないことも数多くあったと思われる。だが、それは今後の研究に待ちたい。

こうした論考の発表は、組織の外にいることではじめて可能となることであるのかもしれないし、往々にして、現場にいると自分のことはわからないものであり、わかっていても言えないものである。

今後とも、農協及び関係者が言いたいことを存分に言い合い、意見を戦わせて行きたいものである。協同組合は民主主義の花園であるハズなのだから。

【著者紹介】

宍道太郎（しんじ　たろう）

本名：福間莞爾（ふくま　かんじ）。1943年生まれ。

旧農協法（2015年に改正）下で、全国農協中央会常務理事（1996年～2002年）、（財）協同組合経営研究所理事長（2002年～2006年）等を歴任。

その後、2006年から2021年の15年間にわたり、農協の自主研究活動組織である「新世紀JA研究会」の事務局を務める。農業・農協問題評論家。農業経済学博士。

＜主な著書＞

1. 『転機に立つJA改革』財団法人協同組合経営研究所2006年
2. 『なぜ総合JAでなければならないか―21世紀型協同組合への道』全国協同出版2007年
3. 『現代JA論―先端を行くビジネスモデル』全国協同出版2009年
4. 『信用・共済分離論を排す―総合JA100年モデルの検証と活用』日本農業新聞2010年
5. 『これからの総合JAを考える―その理念・特質と運営方法』家の光協会2011年
6. 『JA新協同組合ガイドブック』＜組織編＞全国共同出版2012年
7. 『新JA改革ガイドブック―自立JAの確立』全国共同出版2014年
8. 『「規制改革会議」JA解体論への反論―世界が認めた日本の総合JA』全国共同出版2015年
9. 『総合JAの針路―新ビジョンの確立と開かれた運動展開』全国共同出版2015年
10. 『明日を拓くJA運動―自己改革の新たな展開』全国共同出版2018年
11. 『創造か破壊か―JA准組合員問題の衝撃と対策』全国共同出版2019年
12. 『JA突破力の男～貯保を動かす（JAイノベーション・リーダー列伝　萬代宣雄）』ペンネーム・宍道太郎　新世紀JA研究会2021年
13. 『変革期におけるリーダーシップ』（協同組合トップインタビュー）財団法人協同組合経営研究所2005年

覚醒　シン・ＪＡ
―農協中央会制度65年の教訓―

2022年１月10日　第１版　第１刷発行

著　者　宍道太郎

発行者　尾中隆夫

発行所　全国共同出版株式会社
〒161-0011 東京都新宿区若葉1-10-32
TEL. 03-3359-4811　FAX. 03-3358-6174

印刷・製本　株式会社アレックス

定価はカバーに表示してあります。
Printed in japan